中国古代科技与发明

徐潜/主编

吉林文史出版社

图书在版编目（CIP）数据

中国古代科技与发明 / 徐潜主编 .—长春：吉林文史出版社，2013.3（2023.7 重印）

ISBN 978-7-5472-1502-9

Ⅰ.①中… Ⅱ.①徐… Ⅲ.①科学技术-技术史-中国-古代-通俗读物 ②创造发明-技术史-中国-古代-通俗读物 Ⅳ.①N092

中国版本图书馆 CIP 数据核字（2013）第 063483 号

中国古代科技与发明

ZHONGGUO GUDAI KEJI YU FAMING

主　　编　徐　潜
副 主 编　张　克　崔博华
责任编辑　张雅婷
装帧设计　映象视觉
出版发行　吉林文史出版社有限责任公司
地　　址　长春市福祉大路 5788 号
印　　刷　三河市燕春印务有限公司
版　　次　2013 年 3 月第 1 版
印　　次　2023 年 7 月第 4 次印刷
开　　本　720mm×1000mm　1/16
印　　张　13
字　　数　250 千
书　　号　ISBN 978-7-5472-1502-9
定　　价　45.00 元

序　言

民族的复兴离不开文化的繁荣，文化的繁荣离不开对既有文化传统的继承和普及。这套《中国文化知识文库》就是基于对中国文化传统的继承和普及而策划的。我们想通过这套图书把具有悠久历史和灿烂辉煌的中国文化展示出来，让具有初中以上文化水平的读者能够全面深入地了解中国的历史和文化，为我们今天振兴民族文化，创新当代文明树立自信心和责任感。

其实，中国文化与世界其他各民族的文化一样，都是一个庞大而复杂的“综合体”，是一种长期积淀的文明结晶。就像手心和手背一样，我们今天想要的和不想要的都交融在一起。我们想通过这套书，把那些文化中的闪光点凸现出来，为今天的社会主义精神文明建设提供有价值的营养。做好对传统文化的扬弃是每一个发展中的民族首先要正视的一个课题，我们希望这套文库能在这方面有所作为。

在这套以知识点为话题的图书中，我们力争做到图文并茂，介绍全面，语言通俗，雅俗共赏。让它可读、可赏、可藏、可赠。吉林文史出版社做书的准则是“使人崇高，使人聪明”，这也是我们做这套书所遵循的。做得不足之处，也请读者批评指正。

编　者

2012年12月

目 录

中国古代四大发明

在我国古代灿若星辰的科技成就中，有四项发明的光芒最为璀璨夺目——指南针、造纸术、印刷术和火药，这四项发明并称为我国古代的四大发明，享誉世界。四大发明不仅对我国的经济、军事、文化等方面发挥了很大作用，对当时正从封建社会向资本主义社会过渡的西方国家也产生了巨大影响。

一、指南针——地理大发现的前导

当人们在碧波荡漾的大海中航行，在硝烟弥漫的战场上作战，在异国他乡游历的时候，身在一个陌生的环境里，经常会迷失方向，辨不清南北，找不到归途。所以很早，人们就开始研究、掌握各种辨别方向的方法。

古时候，人们是通过观察天象来辨别方位的，晚上通过看北极星的方向来确定方位，白天通过看日影的方向来确定方位。可是，一遇到阴天下雨的恶劣天气，这种方法就不灵了，看不见太阳也看不见星星，无法确定方向，尤其是到了晚上，周围一片黑暗，极易酿成惨剧。

实践的需要就是生产的动力，经过劳动人民不断的摸索实验，终于发明了一个能够指示南北、判别方位的小工具——指南针。

指南针由一根装在轴上可以自由转动的磁针和标有刻度的底盘组成，磁针在地磁场的作用下可以指示南北方向。有了它，我们就能在世界的各个角落找到方向，辨清位置，就好像黑暗中的一缕阳光照亮人间，给人们的生产生活带来极大的方便。

今天，现代的指南针已经发展得非常成熟和完善，甚至在 GPS 中也会用到，精致的外观，先进的功能，使它被广泛应用于军事、航海、探险等各个领域，成为名副其实的重要导航工具。

（一）磁现象的发现

1. 磁石引铁

说起指南针的诞生，我们首先要从磁现象的发现说起。早在两千多年前，

也就是春秋战国时期，我国的劳动人民就已经掌握了用铁制造农具的方法，人们在寻找铁矿的过程中，发现山上有一种“石头”具有非常神奇的特性，这种石头可以魔术般地吸起小块的铁片，而且在随意摆动后总是指向同一方向。正因为它一碰到铁就吸住，好像一位慈祥的母亲吸引自己的孩子一样，所以古人称其为“慈石”，后来才逐渐演变为“磁石”。

这种“磁石”其实是一种磁铁矿的矿石，主要成分是四氧化三铁，而它具备的这种吸引铁一类物质的性质就是磁性，所有具备磁性的物体我们都称之为磁体。

我国关于磁石的最早记载见于《管子·地数篇》：“一曰上有铅者，其下有鉒银，上有丹砂者，其下有鉒金，上有慈石者，其下有铜金，此山之见荣者也。”这里的“铜金”就是一种铁矿。人们不仅发现了磁石，还在生产实践中将磁石付诸了应用。秦朝时候就有这样的故事：传说秦始皇修建阿房宫时，有一个宫门就是用磁铁制造的。如果刺客带剑而过，立刻被吸住，会被卫兵当场捕获。

这样的故事还有很多，《晋书·马隆传》记载了马隆率兵西进甘肃、陕西一带，在敌人必经的一条狭窄道路两旁堆放磁石，这样穿着铁甲的敌兵路过时，就被牢牢吸住，不能动弹。而马隆的士兵穿的是犀甲，磁石对他们没有任何作用。敌人却以为是神兵来了，纷纷落荒而逃，不战而退。

东汉的《异物志》记载了在南海诸岛周围有一些暗礁浅滩含有磁石，磁石经常“以铁叶锢之”，把船吸住，使其难以脱身。

这些故事都说明人们在生产劳动中，发现了磁铁，了解了磁石引铁的性质，后来又逐渐发现了磁石的指向性，并且利用这一性质发明了指南针。

2. 磁针指南

人们发现了磁铁之后，做了很多有意思的实验和尝试，发现磁铁除了铁之外果然不能吸引其他的物质，而且磁铁的

两端是它吸力最强的部分。当两块磁铁相互靠近时，意想不到的事情发生了，两块磁铁有时候会互相吸引，有时候又相互排斥。这又是怎么一回事呢？

通过不断的研究，人们发现，两块磁铁相互吸引或是相互排斥，是因为每块磁铁的两端都有不同的磁极，也就是磁铁两端吸力最强的部分，一端是正极，也称为S极，另一端是负极，称为N极。当两块磁铁的同性磁极相靠近时，它们会相互排斥，而异性磁极相靠近则会相互吸引。这就是磁铁同极相斥、异极相吸的原理。人们在发现了磁铁的这个特性之后，制作出了很多生产和生活用品。

在汉武帝的时候就有这样一个故事，说胶东有个叫栾大的人，献给汉武帝一种斗棋。这种棋子一放到棋盘上，就会互相碰击，自动斗起来。汉武帝看了非常惊奇，还给栾大封了官。这种棋子就是用磁石做成的，磁石有磁性，能够互相吸引碰击，形成了“斗棋”。

世界上的物质普遍都具有磁性，因为强弱和种类的不同而呈现出不同状态。世界上最大的磁体莫过于我们居住的地球了，地球是一块天然的大磁铁，磁极分别靠近地球的两端，靠近地球北极的是负磁极，靠近地球南极的是正磁极。所以，不管在地球表面的什么地方，拿一根可以自由转动的磁针，在地球磁场的作用下，它的正极总是指向南方，而负极则总是指向北方。根据这一原理，人们发明创造出了指南针。

3. 磁偏角

我国北宋著名的科学家沈括在进行指南针试验的时候，有了一个重大的发现，他发现磁针所指示的方向并不是地理上的正南和正北，而是微微偏西北和东南，这一现象在科学上叫做“磁偏角”。这说明地球这个磁体的两个正负磁极和地理上的南北极并不重合而只是接近，因此，指南针所指示的方向与地理上

的正南和正北方向有一定的偏差。

中国古人正是因为最早发现了磁偏角的存在，从而在确定方向时予以校正，使指南针在指向的时候变得更加准确，保证了航向的正确。在西方，直到 1492 年哥伦布横渡大西洋的时候，才发现了磁偏角的存在，比我国晚了四百多年。

（二）指南针的产生及发展

指南针大约出现于我国的战国时期，最初的指南针被称为“司南”。最早记载于公元前 3 世纪战国末年的《韩非子·有度》中：“故先王立司南，以端朝夕。”其中“端朝夕”为正四方之意。《鬼谷子·谋篇》中也有“郑子取玉，必载司南，为其不惑也”的记载，其中“为其不惑”是“为了不迷失方向”的意思。后来经过不断的发展和改进，在不同的历史时代，指南针也出现了不同的形态。

1. 司南

司南是我国春秋战国时代发明的一种最早的指示南北方向的指南工具，是指南针的始祖。它由一把“勺子”和一个“地盘”组成。司南勺由整块天然磁石制成。它的磁南极那一头被琢成长柄，圆圆的底部是它的重心，琢得非常光滑。地盘是个铜质的方盘，中央有个光滑的圆槽，四周刻着格线和表示二十四个方位的文字。由于司南的底部和地盘的圆槽都很光滑，司南放进了地盘就能灵活地转动，在它静止下来的时候，磁石的指极性使长柄总是指向南方。这就是我们的祖先发明的世界上最早的指示方向的仪器，古人称它为“司南”。其中，“司”就是“指”的意思。

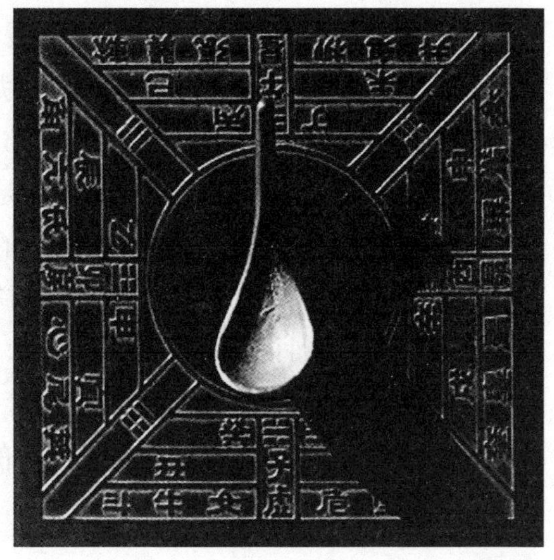

在使用司南的时候首先要把地盘放平，再把司南放在地盘的中间，用手轻轻拨动勺柄，使它轻轻转动，等到司南慢慢停下来，勺柄所指方向就是南方，人们以此来辨

别方向。直到8世纪的时候人们仍然在使用这种勺形的司南。

司南的出现是人们对磁体指极性认识的实际应用。但司南也有许多缺陷，天然磁体不易找到，在加工时容易因打击、受热而失磁，所以司南的磁性比较弱，而且它与地盘接触处要非常光滑，否则会因转动摩擦阻力过大，而难于旋转，无法达到预期的指南效果。司南在磨制工艺和指向精度上都受到较多的限制，而且由于司南有一定的体积和重量，所以携带很不方便，这使司南不能广泛流传。

2. 指南鱼

到了北宋，由于军事和航海的需要以及材料与工艺技术的发展，人们在实践中逐渐掌握了人工制造磁体的方法。一块普通的铁在磁石上反复朝一个方向摩擦，便会带有磁性，这就是人工磁化的方法。

原来，每一块钢铁里面，一个分子就是一根“小磁铁”。没有磁化的钢铁，它的分子毫无次序地排列着，“小磁铁”的磁性都互相抵消了，对外显示不出磁性。而当把它靠近磁铁时，这些“小磁铁”在磁铁磁力的作用下，都整整齐齐地排列起来，同性的磁极朝着一个方向，这块钢铁就具有磁性了。如果拿一块磁铁，紧紧摩擦着一根没有磁化的钢针，并且方向总是从这一头向另一头移动，那么，由于磁铁的吸力，普通钢针中的分子也都顺着一个方向排列起来，这样，一块人工磁铁就制成了。

而铜、铝等金属由于不具备这样的结构，所以不能被磁铁所吸引，更不能被磁化，后来人们在长期的实践中用人工磁化的方法制造了指南鱼。

指南鱼是把一片薄薄的铁片剪成鱼形，长二寸，宽五分，鱼的肚皮部分凹下去，使鱼能像船一样浮在水面上，然后再把鱼制作成磁体。这种人工传磁的方法制成的指南鱼在使用上比司南方便得多，只要有一碗水，把指南鱼放在水面上就能指示方向了。人工磁化方法的发明，对指南针的应用和发展起了巨大的作用。在磁学和地磁学的发展史上也是一件大事。

从司南到指南鱼，从在盘面上转动指南的形式到鱼形铁片在水面上浮动指南的形式，减少了转动时产生的摩擦，提高了指南的灵敏度。虽然通过这种磁化方法得到的磁性还比较弱，限制了指南鱼在实际中的应用，但毕竟是向指南针的发明迈进了一大步。

3. 指南针

在指南鱼之后，人们在实践中不断改进，鱼逐渐被一支缝纫用的小钢针所代替，人造磁体的指南针就这样产生了。经过不断的试验和总结，指南针也不再仅仅漂浮于水上，而是有了更多的存在形式，这些变化都使指南针的测量精度发生了变化。

北宋时的著名大科学家沈括，对于指南针的制作和使用，作了许多科学的说明和分析。沈括在他的《梦溪笔谈》中提到他对指南针的用法做过的四种试验，即指甲法、碗唇法、缕悬法和水浮法。

（1）“指甲旋定法”——把钢针放在手指甲面上，轻轻转动，由于手指甲的表面光滑，磁针就能产生指南作用。

夢溪筆談序
沈括 存中 述
予退處林下深居絕過從思平日與客言者時
紀一事于筆則若有所晤言蕭然移日所與談
者唯筆硯而已謂之筆談 聖謨國政及事近
宮省皆不敢私紀至於繫當日士大夫毀譽者
雖善亦不欲書非止不言人惡而已所錄唯山
間木蔭率意談噱不繫人之利害者下至閭巷
之言靡所不有亦有得於傳聞者其間不能無
缺謬以之爲言則甚卑以予爲無意於言可也
卷第一
故事一

夢溪筆談卷第八
沈括 存中
象數二
史記律書所論二十八舍十二律多皆臆配殊
無義理至於言數亦多差舛如所謂律數
者八十一爲宮五十四爲徵七十二爲商
四十八爲羽六十四爲角此止是黃鍾一
均耳十二律各有五音豈得定以此爲律
數如五十四在黃鍾則爲徵在夾鍾則爲
角在中呂則爲商兼律有多寡之數有實
積之數有短長之數有周徑之數有清濁
之數其八十一五十四七十二四十八六

（2）“碗唇旋定法”——把磁针放在光滑的碗边上，转动磁针，指示南北。

（3）“缕悬法”——在磁针中部涂上一些蜡，上面粘一根丝线，挂在没有风的地方，磁针垂于方位盘中心上方，静止时，其两端分别指示

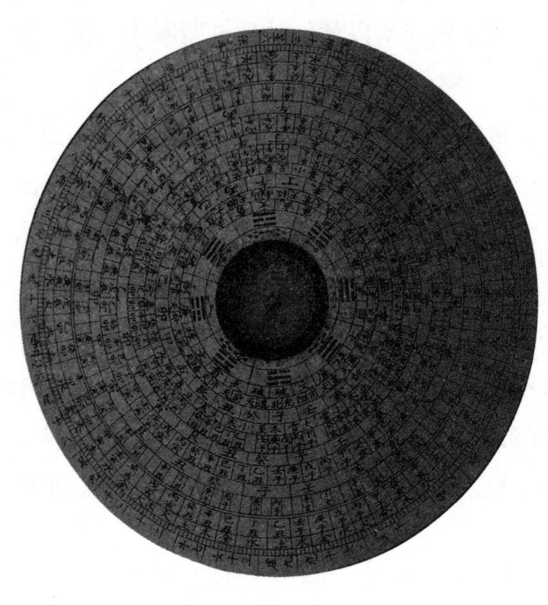

南北。

(4)“水浮法”——把指南针放在有水的碗里，使它浮在水面上，静止时，其首尾分别指示南北。

沈括对这四种方法还作了详细的比较，他指出，水浮法的最大缺点是水面容易晃动，进而影响测量结果；碗唇旋定法和指甲旋定法虽然因为摩擦力小，转动灵活，但却容易掉落。沈括比较推崇的是缕悬法，他认为这是比较理想而又切实可行的方法。现在的磁变仪、磁力仪的基本结构原理就是缕悬法。

指南针和司南、指南鱼相比，既简便又实用，形式逐渐稳定下来，以后的各种磁性指向仪器，都是以这种磁针为主体，只是磁针的形状和装置方法不同罢了，古以南方为尊，所以称指南针。在19世纪现代电磁铁出现之前，几乎所有的指南针都是以这种人工磁化的方法制作而成的。

4. 罗盘

随着人们对指南针的不断改进，逐渐发现单单有指南针并不能准确定位方向，还需要有方位盘的配合，这样人们就制造出了更加科学方便的指南仪器—罗盘。

罗盘由磁针和方位盘两部分组成，方位盘盘面周围刻了二十四个方位，盘式也由方形演变成圆形，盘内盛水，磁针横穿灯草，浮于水面。这样一来，只要看一看磁针在方位盘上的位置，就能准确地断定出方位来。

罗盘中的磁针指南沿用的是沈括实验过的水浮法，所以被称为水罗盘。到了明嘉靖年间又出现了旱罗盘，它是用钉子支住磁针，使支点处的摩擦阻力尽量减少，从而使磁针能够自由地转动。这种有固定支点的指南仪器与司南相似，但在灵敏度上要比司南高得多，而且比水罗盘更适用于航海，因此得到广泛应用，罗盘的出现是指南针发展史上的一大进步。

（三）指南针的应用及传播

1. 指南针的应用

到了元代，人们还编制出了一种航海用的“针路”图，这种“针路”图是在不同的航行地点指南针针位的连线图。船航行到什么地方，采用何种针位方向，一路航线都标识得清楚明白，给船只准确的指引，成为航行的重要依据。

1405 年，明代航海家郑和率领庞大的二百四十多艘海船、二万七千四百名船员组成的船队远航。这些大船被称为“宝船”，最大的“宝船”长四十丈，阔十八丈，是当时海上最大的船只。这些船上就有罗盘针和航海图，还有专门测定方位的技术人员。一直到 1433 年，郑和一共远航七次，访问了三十多个在西太平洋和印度洋的国家和地区。他的这一壮举正是得益于构造先进、读数可靠的指南针来指引航路，才有了顺利完成的保障。

2. 指南针的传播

南宋时，阿拉伯、波斯商人经常搭乘我国的海船往来贸易，逐渐学会了使用指南针。大约在 12 世纪末的时候，指南针由海上通路传到阿拉伯，并最终由阿拉伯人把这一伟大的发明传到了欧洲。

恩格斯在《自然辩证法》中就曾指出，“磁针从阿拉伯人传至欧洲人手中在 1180 年左右”。而 1180 年正是我国南宋时期，中国人首先将指南针应用于航海，比欧洲人至少早了 80 年。

（四）指南针与地理大发现

指南针传到阿拉伯和欧洲之后，逐渐普及开来，广泛应用于航海、探险等领域，对欧洲的航海业产生了巨大的推动力。

从 15—17 世纪，在指南针的指引下，欧洲的船队出现在世界各处的

海洋上，寻找着新的贸易路线和贸易伙伴，以发展欧洲新生的资本主义。在这些远洋探索中，欧洲人发现了许多当时不为人知的国家与地区。与此同时，也涌现出了许多著名的航海家。

1492—1504 年，哥伦布在指南针的引导下，四次出海远航，终于发现了美洲大陆，使其成为名垂青史的航海家。1519—1522 年，葡萄牙航海家麦哲伦进行了环球航行，实现了历史性的突破。东西方之间的文化、贸易交流开始大量增加，殖民主义与自由贸易主义也开始出现。从此以后，世界格局被打破，美洲的开发和欧洲各国的资本积累在飞速发展，指南针的西传就像打开新世界的钥匙，使世界版图发生了翻天覆地的变化。

指南针的诞生不仅对航海事业的发展有着巨大意义，而且对人类社会的进步也做出了重要贡献。人们从此获得了全天候航行的能力，人类终于可以在茫茫大海中自由的远航，从而迎来了地理大发现的崭新时代。

二、造纸术——书写载体的伟大变革

纸是我们日常生活当中最常用的一种物品，无处不在。无论是书写、阅读，还是生产生活，都离不开纸。即使是现在的网络时代、电子媒介、无纸化办公，纸张仍然占据着不可替代的重要位置。从我们学会写的第一个字、读到的第一本书，到考试答题、证件证书，全都是以纸为载体的。

学习中，书本要用纸，考试要用纸，复印打印还要用纸。生活上，报纸、面巾纸、卫生纸，样样都是纸。生产上，纸包装、纸口袋，纸的副产品，就连我们使用的“钱”都是纸币。真是无法想象，没有纸的世界会变成什么样子。

经过上千年的发展，现如今纸张及纸制品的发展已经非常完善。印刷用纸、书写用纸、生活用纸；有颜色的、带香味的、高科技含量的，可以说是五花八门，精雕细刻。但最初诞生的纸却是简陋和粗糙的，即使这样，纸的发明仍然成为历史上最伟大的发明之一，为世界文明和历史的发展带来了巨大动力。

（一）纸前书写载体的演变

我们都知道，纸最主要的用途是作为书写和记事的材料，但是在纸产生之前，人们是怎样进行书写和记事的呢?

在没有文字以前，远古的人们进行交流主要是通过语言和手势，记事也只是凭借口耳相传，记忆传承。而后在上古时代，祖先学会了结绳记事。等到文字出现以后，人们就开始用文字来记事了。

1. 甲骨

我国发现的最早留有文字记录的材料是甲骨，多为龟甲和兽骨。其中龟甲多为龟的腹甲；兽骨多为牛的肩胛骨，也有羊、猪、

虎骨及人骨。我国在新石器时代晚期就已经出现了占卜用的甲或者骨了，到了商代甲骨开始盛行，直到周初或者更晚仍有甲骨。商周时期的甲骨上契刻有占卜的文字——甲骨文。殷墟出土的甲骨已有十五万片左右，距今已有三千多年的历史。殷人惯用甲骨来进行占卜和刻写卜辞。占卜时先在龟甲上或钻或凿出一些孔，再用火来烤这些孔，通过看它的裂纹来定吉凶。最后就在这些孔的附近来记载卜辞，文字简单，字体很小。每片甲骨一般能容五十余字，字数最多有达一百八十字的，其中包含一些关于社会政治经济和科学技术等方面的史料。但是由于甲骨的来源有限，刻字、保管、携带都不方便，所以使用范围非常有限。

2. 金石

随着生产技术的不断提高，青铜器出现了，人们便开始把字铸在青铜器上，以此作为对记事材料的补充。青铜器的种类有很多，钟、鼎、盘、盂、尊、爵等，小的一二斤，大的几百斤或上千斤。在这些器物的内壁上或底部会铸有文字，这就是刻铸在青铜器上的文字——铭文。文字的内容多是对获得的荣誉、地位以及赏赐、赠送、交换土地的记录。除了青铜之外，有时还将法律条文的文字刻铸在铁器上，称之为刑鼎。这些刻有铭文的大型重鼎很多都成为传国之宝和权力的象征，具有很高的史料价值。

除甲骨、青铜器、铁器外，中国古代有时还会将文字刻写在玉、石之上，作为文献记录保存下来。1956 年冬，山西侯马的东周遗址出土了数百件用红颜料朱砂写在玉版上的文书，古时叫做丹书。除朱书外还有写在极薄玉版上的墨书。石刻传世最古而且可信的，有秦国的十个石鼓上所刻的石鼓文，刻的是狩猎的诗歌。石鼓文是将文字以刀刻在石上，石质坚硬，不易腐蚀，故原则上可永久保留。秦始皇统一天下后，每到一处，都喜欢把他的功德刻在石上，以示纪念。石刻从汉代以后直到近代，一直流传，具有极高的文史价值和艺术价值。

3. 简牍

由于甲骨和金石的质地都非常坚硬，而且过于笨重，非常不便于书写和保管，所以应用的范围有限。在我国古代使用最多的材料便是简牍。简牍是我国

古代遗存下来的写有文字的竹简与木牍的概称。把竹子、木头劈成狭长的小片，再将表面刮削平滑，这种用作写字的狭长的竹片或木条叫做竹简或木简，较宽的竹片或木板叫做竹牍或木牍。简的长度不一样，有的三尺长，有的只有五寸。

经书和法律，一般写在二尺四寸长的简上。写信的简长一尺，所以古人又把信称为“尺牍”。每根简上写的字也不一样多，有的写三四十个字，有的只写几个字。较长的文章或书所用的竹简较多，须按顺序编号、排齐，然后用绳子、丝线或牛皮条编串起来，叫做“策”或者“册”。

在通常情况下，著书立说、传抄经书典籍用竹简，因此简册成为书籍的代称，版牍多用于公文、信札之类。一般只在简的一面写文字，而且只写一行，一枚简多的写有一百多字，少的仅有几个字。写好的简用麻绳或丝、熟牛皮绳等进行编连，依简的长短，编捆的道数也不同，一般编上、下两道，也有上、中、下三道，个别长简还有用五道的。

简牍上的字大多用墨书写，也有用朱笔书写的。简牍是中国早期的书籍形式之一。重量比金石轻得多，阅读和携带也较方便，竹木材料又价廉易得。由于这些优点，简牍在很长时间内成为主要的书写材料。东晋末年由于纸的推广使用，简牍才逐渐被代替。

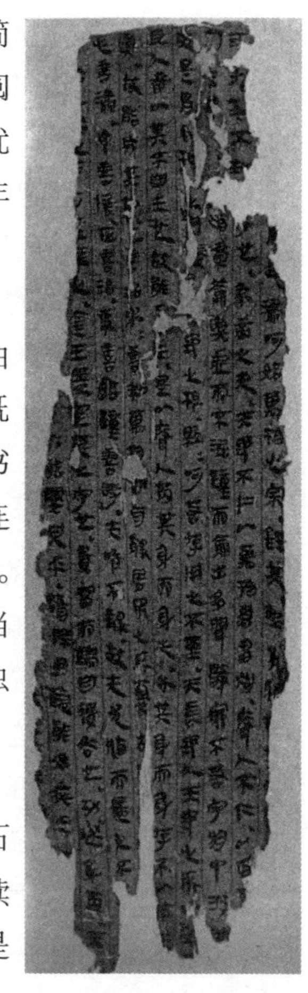

4. 缣帛

伴随竹木存在的另一种书写载体是缣帛——一种由蚕丝制成的丝织品。缣帛是一种高质量的书写材料，既轻便又好用，容字又多，精致美观，所以长期被用作书画的载体。但是缣帛价格昂贵，一般人无法承担，就连孔圣人都说“贫不及素”，这里的“素”，指的便是缣帛。汉代一匹缣帛（长约十多米，宽不及一米）的价格相当于 720 斤大米。另外，缣帛虽然美观方便，但也容易虫蛀腐烂，不容易保存。

5. 国外古代的书写材料

在纸出现以前，国外常用的书写记事材料主要有石头、纸草、金属材料、树叶、树皮和树皮毡、羊皮和犊皮等等。古代书写材料流行最广泛的是埃及纸草，这是

一种多年生的草本植物，生长在尼罗河流域，可高达6—10英尺。古埃及人把这种草切去根部与茎杆顶端的部分，将茎部从中间劈成两半，然后压扁，再将压扁的杆纵横交错地铺在平板上，共铺两层，在纸草上面滴醋，然后打平，晒干磨光，形成“纸张”，被称为“埃及纸”或“纸草纸”。

羊皮和犊皮是西方国家使用较久的书写材料。前者用绵羊、山羊的皮制成，后者用流产或吃奶的小牛的皮鞣制而成。传说因为得不到埃及纸草，所以就制造羊皮来代替。羊皮后来成为欧洲主要的书写材料之一，古犹太人就用它来书写法律，波斯人也用它来记录国史，甚至文艺复兴后印刷术西传时还用以印刷书籍。

自从文字出现以来，人类在近三千年的漫长岁月里对书写载体进行了不断的探索和尝试，甲骨、金石、简牍都比较笨重，不方便携带。据说秦始皇一天阅读的奏章，就要整整一车的简牍；缣帛虽然美观轻便，但是成本非常高，也不适宜大量书写。到了汉代，由于西汉的经济、文化迅速发展，这些书写的载体已经无法满足发展的需求，人们迫切需要寻找一种物美价廉的新型书写材料，这就直接促成了纸的发明。

（二）纸的发明

传统意义上真正的纸是用以书写、印刷、绘画或包装等的片状纤维制品。一般以植物纤维作为原料，在水中经过打浆、叩解，然后在网上交错组合，再经压榨、烘干而成。

据考古发现，早在我国的西汉时期，就已经有了麻质的纤维纸。1957年在西安市东郊灞桥附近的一座西汉墓中出土了一批被称之为“灞桥纸”的实物，其制作年代不晚于汉武帝时期，之后在新疆的罗布淖尔和甘肃的居延等地也都发掘出了汉代的纸残片。这些发现都有力地说明，我国劳动人民在西汉时期就已经开始制作纸，但同时我们也看到，纸的发明虽早，但一开始并没有得到广

泛的应用，政府文书等仍然是采用简牍和缣帛书写的。

（三）蔡伦造纸

在我国造纸术的发展历程中，东汉时期的蔡伦是我们必须要提到的一位卓越的革新者。蔡伦，字敬仲，湖南耒阳人，我国古代著名的造纸技术专家。东汉和帝时任尚方令，专门负责监制皇宫用的器物。由于经常和工匠接触，劳动人民的精湛技术和创造精神，给了蔡伦很大的影响。在他在总结前人造纸经验的基础上，改进造纸技术，扩大了造纸原料的来源，把树皮、破布、麻头和鱼网这些废弃物品都充分利用起来，降低了纸的成本，并且提高了纸张的质量，使纸张为大家所接受。

蔡伦发明的纸，是经过严格的程序制作而成的。《汉代造纸工艺流程图》形象地再现了蔡伦的造纸术。图上将各种造纸原料经水浸、切碎、洗涤、蒸煮、舂捣，加水配成悬浮的纸浆，干燥后即可成纸。具体来说，大约经过五道工序：

第一道：挫，将破布、树皮等原料剪碎或者切断，使其成为碎片和碎粒。

第二道：捣，将挫碎的原料用水浸泡一段时间，加温，并加入石灰、草灰等物，再捣烂成浆。

第三道：打，用木棒、石臼等工具将捣成糊状的原料捣打、碾烂，使其纤维分丝帚化，增强纤维间的结合力。

第四道：抄，用水将碾打的纸浆稀释，然后均匀地摊在平整的木板、竹席或者其他物件上，再经水漂洗成薄片，使其附在木板、竹席之上。

第五道：烘，将附在木板、竹席之上的薄片在太阳下晒干，或者用火烘干。

蔡伦用这种方法制造出来的纸，体质轻薄，色白柔软，能够折贴，又便于剪裁，很适合写字。制作的原料又是以废物为主，价格低廉，便于推广，工艺流程也不复杂，易于制造，因此受到了普遍欢迎。

东汉元兴元年（105 年），蔡伦把他制造出来的一批优质纸张献给汉和

帝刘肇，汉和帝看后非常赞赏蔡伦的才能，马上通令天下采用。这样，蔡伦的造纸方法很快传遍各地。蔡伦也因此而被奉为造纸祖师，受到后人的纪念和崇敬。

纸的发明是人们长期实践的结果，蔡伦则是这一发明的总结和推广人，他的功绩在造纸史上留下了光辉的一页，受到了后人的尊敬和怀念。

（四）纸的发展

蔡伦献纸之后，汉和帝下令在全国推广，纸成为了竹简、木牍、绢帛的有力竞争者，逐渐成为主要的文字书写载体。到东汉末年，东莱有个叫左伯的人对以往的造纸方法作了改进，进一步提高了纸张质量。他造的纸张洁白、细腻、柔软、匀密、色泽光亮、纸质很好，世称“左伯纸”，其中尤其以五色花笺纸、高级书信纸为上。东晋末年（404 年），朝廷下令以纸代简，简牍文书从此基本绝迹，纸则得到广泛的发展流行，成为官方文书的载体。3–4 世纪，纸已经基本取代了帛、简而成为我国唯一的书写材料，有力地促进了我国科学文化的传播和发展。

1. 魏晋南北朝时期

到魏晋南北朝时期，纸张广泛流传，普遍为人们所使用，纸的品种、产量、质量都有增加和提高。造纸技术得到进一步的提高，造纸区域也由晋以前集中在河南洛阳一带而逐渐扩散到越、蜀、扬及皖、赣等地。

造纸的原料来源更加多样化。史书上曾论及到这时期的一些纸种，如抄写经书用的白麻纸和黄麻纸，构皮做的皮纸，藤类纤维做的剡藤纸，桑皮做的桑根纸，稻草做的草纸等。我国在魏晋南北朝时期，麻、构皮、桑皮、藤纤维、稻草等已普遍用作造纸原料。

在造纸的设备方面，继承了西汉的抄纸技术，出现了更多的活动帘床纸模。用一个活动的竹帘放在框架上，可以反复捞出成千上万张湿纸，提高了工效。在加工制造技术上，加强了碱液蒸煮和舂捣，改进了纸的质量，出现了色纸、

涂布纸、填料纸等加工纸。

为了延长纸的寿命，晋时已发明了染纸新技术。染纸时，从黄蘖中熬取汁液，浸染纸张。浸染的纸叫染潢纸，呈天然黄色，所以又叫黄麻纸。黄麻纸有灭虫防蛀的功能。6世纪的《齐民要术》中，贾思勰还专门记载了造纸原料楮皮的处理和染潢纸的技术。

2. 隋唐时期

到了隋唐时期，政治、经济、文化都空前繁荣，造纸业也进入了一个昌盛时期，纸的品种不断增加，除麻纸、楮皮纸、桑皮纸、藤纸外，还出现了檀皮纸、瑞香皮纸、稻麦秆纸和新式的竹纸。这一时期生产出许多名纸及大量的艺术珍品。

造纸原料方面则以树皮使用最为广泛。主要是楮皮和桑皮，也有用沉香皮及栈香树皮的记载。藤纤维造纸也广为使用，但到了晚唐时期，由于野藤大量被砍伐，又无人管理栽培，致使原料供不应求，藤纸逐渐消失。而在我国南方一些产竹地区，竹材资源丰富，竹纸得到了迅速发展。

隋唐时期还出现了著名的宣纸。宣纸以安徽宣城而得名，但宣城本身并不产纸，而是其周围各地产纸，都以宣城作为集散地，所以称宣纸。关于宣纸的诞生还有这样一个传说：蔡伦的徒弟孔丹，在皖南以造纸为业，他一直想制造一种特别理想的白纸，用来为师傅画像修谱，以表缅怀之情，但经过多次试验都未能成功。一次，他在山里偶然看到有些檀树倒在山涧旁边，由于经流水终年冲洗，树皮腐烂变白，露出缕缕长而洁白的纤维，他得到启示，取这种树皮造纸，终于获得了成功。

南唐后主李煜，曾亲自监制“澄心堂纸”，是宣纸中的珍品。它“肤如卵膜，坚洁如玉，细薄光润，冠于一时”。用宣纸写字则骨神兼备，作画则神采飞扬，成为最能体现中国艺术风格的书画纸，到明清以后，中国书画几乎全部使用宣纸。

隋唐时期由于雕版印刷术的发明，印刷业渐渐兴起，印刷了大量的书籍，这就更加促进了造纸业的发展，纸的产量、质量都有所提高，价格也不断下降，各种纸制品

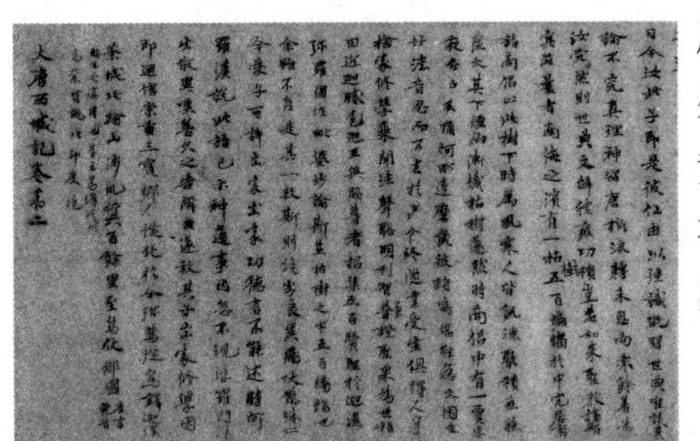

层出不穷，开始普及于人们的日常生活中。名贵的纸中有唐代的“硬黄”、五代的“澄心堂纸”等，还有水纹纸和各种艺术加工纸，反映出造纸技术的提高。

3. 宋元明清时期

在宋元和明清时期，楮纸、桑皮纸等皮纸和竹纸非常盛行，消耗量很大。宋代后期的市场上大部分都是竹纸，需求之大可见一斑。就纸的产区而言，四川、浙江、江西、福建、广东、湖南、湖北等地为主要产区，最繁盛的地方首推浙江和四川两地。宋代竹纸在工艺上大多无漂白工序，纸为原料本色，除色黄之外，竹纸也有性脆的缺点。

元明时期竹纸兴盛，尤以福建发展最为突出，使用了“熟料”生产及天然漂白，使竹纸产量大有改进。

这一时期造纸用的竹帘多用细密竹条，造出的纸也必然细密匀称，这就对纸的打浆度提出了较高的要求。而先前唐代用的施胶剂多为淀粉糊剂，兼有填料和降低纤维下沉槽底的作用。到宋代以后则多用植物黏液做“纸药”，使纸浆均匀，常用的“纸药”是杨桃藤、黄蜀葵等的浸出液。这种技术虽早在唐代就已经开始采用，但在宋代以后才盛行起来，以致后来不再采用淀粉糊剂了。

清代由于造纸业的大发展，麻及树皮等传统造纸原料已经不能满足需要了，在清代占据主导地位的是竹纸，其他草浆也有发展。在清末有些居民采用当地的野生草类植物来制造粗草纸。河南、山东、山西等地有人用麦草、蒲草；陕西、甘肃、宁夏有人用马莲草；西北用芨芨草；东北用乌拉草等，种类繁多。而我国用蔗渣造纸则始于清末，《清朝续文献通考》中，就有关于张东铭在徐家坡设一造纸厂以蔗渣为原料的记载。清代的草浆生产技术有了较大进步，用仿竹浆、皮浆的精制方法制取漂白草浆。著名的泾县宣纸就是用一定配比的精制稻草浆和檀皮浆抄制而成，其生产工序一直延续至今。

各地的造纸大都就地取材，使用各种原料，制造的纸张名目繁多。在纸的加工技术方面，如施胶、加矾、染色、涂蜡、研光、洒金、印花等工艺，都有进一步的发展和创新。各种笺纸也再次盛行起来，在质地上比较推崇白质地和淡雅色质地，色以鲜明静穆为主。清代的笺纸制作已经达到了精美绝伦的程度，

如描金银图案的粉蜡笺、五彩描绘的砑光蜡笺、印花图绘染色花笺等等。

随着造纸技术的提高，纸的用途也在逐步扩大，除了书画、印刷和日用外，我国还最早在世界上发行了纸币。这种纸币在宋代被称为“交子”，元明后继续发行，后来世界各国也相继发行了纸币。明清时期用于室内装饰用的壁纸、纸花、剪纸等，都各具特色，非常美观，并且行销于海内外。

经过宋元和明清时期数百年的发展，到清代中期，我国手工造纸技术已经相当发达，生产的纸张质量上乘，品种繁多，成为中华民族古代科技发明的重要成果，为文化的传播奠定了坚实的基础。

（五）造纸术的传播

纸在我国诞生和大量生产后，引起了全国乃至全世界范围内的书写材料大变革。随着中外经济、政治、文化、宗教的交流，我国的造纸术开始向外传播。首先传入与我国毗邻的朝鲜和越南，随后传到日本。在蔡伦改进造纸术后不久，朝鲜和越南就有了纸张。原料纸浆主要从大麻、藤条、竹子、麦秆中的纤维提取。

大约 4 世纪末，百济在中国人的帮助下学会了造纸，不久高丽、新罗也掌握了造纸技术。此后高丽造纸的技术不断提高，到了唐宋时，高丽的皮纸反向中国出口。西晋时，越南人也掌握了造纸技术。610 年，朝鲜和尚昙征渡海到日本，把造纸术献给日本摄政王圣德太子，圣德太子下令全国推广，后来日本人称他为“纸神”。造纸术除了向东传播外，还向南传播到了中亚的一些国家，并通过贸易传播到了印度。

8 世纪中叶，造纸术经中亚传到了阿拉伯。751 年，唐朝和阿拉伯帝国爆发战争，阿拉伯人俘获几个中国的造纸工匠。没过多久，造纸业便在撒马尔罕和巴格达兴起，造纸技术也逐渐在阿拉伯世界各地传开。

造纸术最早通过阿拉伯人传到了欧洲，首先接触纸和造纸术的是阿拉伯人统治下的西班牙。1150

年，阿拉伯人在西班牙的萨狄瓦，建立了欧洲第一个造纸厂。1276年意大利的第一家造纸厂在蒙地法罗建成，开始生产麻纸。1348年，法国在巴黎东南的特鲁瓦附近建立造纸厂。德国是14世纪才有自己的造纸厂。造纸技术传入英国比较晚，到了15世纪英国才有了自己的造纸厂。到了17世纪，欧洲主要国家都有了自己的造纸业。西班牙人移居墨西哥后，最先在美洲大陆建立了造纸厂，墨西哥造纸始于1575年。美国在独立之前，于1690年在费城附近建立了第一家造纸厂。

美国出版的《纸——进步的带头人》一书中写道:“从公元二世纪初中国发明造纸后，这秘密保守了很长时间，然后像蜗牛似的，缓慢地向世界传播。从亚洲（东部）到巴格达、开罗、摩洛哥，已经历1000年，再经过400年才传遍欧洲，又过200年才到美国。”

到了16世纪，纸张在欧洲已经得到广泛使用，并最终取代了传统的羊皮和埃及的莎草纸等。此后，纸便逐步在全世界流传开来。

（六）纸的价值

自从纸张出现以后，就成为人类文化交流和传播的有效工具，从此，人们便可以简单便捷地书写文字、表达思想；可以使知识在平民百姓中得到普及和传递；可以让文学和艺术得到前所未有的繁荣和兴旺。

造纸术的发明与传播，为人类大量文化成果的传承提供了条件，使书籍、文献资料的数量剧增，为我国的另一项重大发明——印刷术的出现提供了必要的物质前提。纸对全人类社会历史的记载与保存、文化思想与学术技艺的传播交流，都发挥着无比重要的作用。

纸的诞生，是人类书写载体的伟大变革，是人类文字的理想家园，从此，所有的科学和文化都有了进步的基石，所有的知识都有了传承的条件。我国古代的劳动人民为世界文化的发展做出了重大的贡献。

三、印刷术——文化传播的革命

当我们翻开书籍，打开杂志，映入眼帘的是清晰的文字和精美的图片，内容丰富，色彩缤纷。当我们走在街上，绚丽的广告牌，印有搞笑图案的服饰，无时无刻不在吸引我们的双眼。而这些精美的文字和图案之所以能够呈现在各种各样的载体上，还要归功于现代印刷技术的发展。印刷术在我国有着悠久的历史，它是我国古代四大发明之一，从诞生到发展，印刷术为人类文化的传播和交流做出了巨大的贡献，成为文化传承过程中的一朵绚丽的奇葩。

（一）印刷术简介

在印刷术发明之前，文化的传播主要依靠手抄的书籍。手抄不仅费时、费事，而且又容易抄错、抄漏，书籍抄本的数量有限，更无法大批量复制，严重制约着信息的传播，给文化发展带来了阻碍，这种情况一直到印刷术的出现才得以改观。

印刷术是一门将文字、图画、照片等原稿经制版、施墨、加压等工序，使油墨转移到纸张、织品、皮革等材料表面，进行批量复制原稿内容的技术。印刷术最早始于我国隋朝的雕版印刷，后来经过宋仁宗时期的毕昇大力发展、完善后产生了活字印刷，并由蒙古人传到了欧洲，所以后人称毕昇为印刷术的始祖。中国的印刷术是人类近代文明的先导，为知识的广泛传播、交流创造了条件。

（二）印刷术的起源

在印刷术诞生之前，我国古代就已经存在许多复制文字的技术，比如用印章在

泥土和纸上盖印文字，用镂花版在纺织物或纸上取得重复的文字和图案，在石碑上拓取碑文等等。这些方法都是雕版印刷术发明的先导。

1. 印章

我国古代的印章是雕版印刷的源头，为印刷术的发明提供了直接的经验启示。印章是一种印于文件上表示鉴定或签署的文具，一般印章都会先沾上颜料再印，如果不沾颜料、印上平面后会呈现凹凸的称为干印，有些是印于蜡或火漆上，有些则是用力压印于纸上，令纸的表面有凹凸。

印章在先秦时就有，一般只有几个字，表示姓名、官职或机构。印文均刻成反体，有阴文、阳文之别。所用材料有铜、石料、骨料和木料等。早期的印章是用作家族的标志、地位的象征、饰物佩带或用作封泥。秦汉时，由于雕刻工艺的发展，反刻文字的印章已经非常普遍，人们还学会了用木戳在铜范和陶量器上印制铭文，有的多达数百字。

在纸没有出现之前，公文或书信都写在简牍上，写好之后，用绳扎好，在结扎处放黏性泥封结，将印章盖在泥上，称为泥封，泥封就是在泥上用印章进行印刷，这是当时保密的一种手段。纸张出现之后，泥封演变为纸封，在几张公文纸的接缝处或公文纸袋的封口处盖印。晋代著名炼丹家葛洪在他著的《抱朴子》中提到，道家那时已用了四寸见方有 120 个字的大木印了，这样的印章已经相当于一块小型的雕版了。佛教徒为了使佛经更加生动，常把佛像印在佛经的卷首，这种手工木印比手绘省事方便得多。

2. 印染

中国的印染术历史悠久，种类繁多。印染是在木板上刻出花纹图案，用染料将图案印在布上。中国的印花板有凸纹板和镂空板两种。早在 1834 年法国的佩罗印花机发明之前，我国就一直拥有发达的手工印染技术。1972 年湖南长沙马王堆一号汉墓（公元前 165 年左右）出土的两件印花纱就是用凸纹板印制的。

在这些种类繁多的印染工艺中，不仅有染有印，还有依稀可见的刷印。而这些织物的刷印，很可能就是世界上最早的印刷术。

3. 拓印

远在公元前2000年，重大事件的记载便已被镌刻于骨板、青铜、砖瓦、陶瓷、木料以及玉石之上，用以保存文字和图像，而镌刻长篇碑文最多的质材当推石料。

东汉时期石刻流行，出现了刻字的石碑。有人看到互相传抄的书籍错误很多，就决定利用石碑来补救这个缺点。汉灵帝熹平四年（175年），蔡邕和一些官员一道要求朝廷把一些儒家的经典刻在石碑上，作为校正经书文字的标准本，宣扬儒家思想。于是刻有七部儒家经典的46块石碑，竖立在了当时的最高学府——洛阳鸿都门外的太学前面，石碑上共二十余万字，分刻于正反两面，每块石碑高175厘米、宽90厘米、厚20厘米，工程历时八年，全部刻成。

这样一来，许多人都赶去抄写石碑上的文章，或者拿着书去校对。石碑刚刚立起来的时候，每天都有一千多乘车辆，载着人前来观看摹写，车水马龙，十分拥挤。

后来人们发现在石碑上盖一张微微湿润的纸，用碎布、帛絮包扎成一个小拳头样的槌子，在石碑上轻轻地捶拍，使纸陷入碑面文字的凹陷处，待纸干燥后再用布包上棉花，蘸上墨汁，在纸上轻轻拍打，纸面上就会留下黑底白字，跟石碑上的字迹一模一样，这就是拓碑，复制下来的纸张称为拓片。这样复制的方法比手抄简单、便捷，而且更加可靠。人们用纸将经文拓印下来，收藏和出售，使拓印广为流传。石碑越来越多，拓印的方法也越来越普遍。后来人们又把石碑上的文字刻在木板上，再加以拓印。这当然比把字刻在石碑上更加经济方便。

拓印术的出现，为印刷术的发明提供了在纸上刷印的复制方法，已经具备了印刷术中的基本要素，是一套完整的、有刷有印的工艺技术。与雕版印刷相比，它们有很多的相似之处，都需要原版、纸、墨等条件，其目的也是大批量地复制文字和图像。然而，碑刻的文字是凹下的阴文，雕版印刷的印版是凸起的阳文，复制下来的拓印品为黑地白字，雕版印刷品则为白地黑字。拓印品的幅面往往比雕版印刷品的幅面大，在速度上也远不如雕版印刷，所以拓印术还不能看做是一种印刷方法，而只是雕版印刷的雏形。

（三）雕版印刷

1. 雕版印刷的产生

在印章、印染和拓印技术的相互融合、启发下，大约在隋朝，雕版印刷技术应运而生。

雕版印刷的版料，一般选用纹质细密坚实的木材，比如枣木、梨木等等。

雕版时，在一定厚度的平滑木板上，粘贴上抄写工整的书稿，薄薄的稿纸正面和木板相贴，字就成了反体，笔划清晰可辨。雕刻工人用刻刀把版面没有字迹的部分削去，就成了字体凸出的阳文，和字体凹入的碑石阴文截然不同，板面所刻出的字约凸出版面 1—2 毫米。用热水冲洗雕好的板，洗去木屑等，刻板过程就完成了。印刷的时候，在凸起的字体上涂上墨汁，然后覆上纸，另外拿一把干净的刷子轻轻拂拭纸背，字迹就留在了纸上，印出了文字或图画的正像，将纸从印板上揭起，阴干，一页书就印好了。一个印工一天可印 1500—2000 张，一块印板可连印万次。一页一页印好以后，装订成册，一本书也就完成了。这种印刷的方法，是在木板上雕好字再印，所以大家称它为“雕版印刷”。

雕版印刷的发明时间，历来是一个有争议的问题，大多数专家认为雕版印刷的起源时间在 590—640 年之间，也就是隋朝至唐初。

根据明朝时候邵经邦《弘简录》一书的记载：唐太宗的皇后长孙氏收集封建社会中妇女的典型事迹，编写了一本叫《女则》的书，贞观十年（636 年）长孙皇后死后，唐太宗下令用雕版印刷把它印出来。这是我国文献资料中提到的最早刻本。从这个资料来分析，当时民间可能已经开始用雕版印刷来印行书籍了。雕版印刷发明的年代，应该要比《女则》出版的年代更早。

2. 雕版印刷的发展

到了 9 世纪时，我国用雕版印刷来印书已经非常普遍。唐穆宗长庆四年，诗人元稹为白居易的《长庆集》作序中有“牛童马走之口无不道，至于缮写模

勒，炫卖于市井”。“模勒”就是模刻，“炫卖”就是叫卖。这说明当时白居易的诗的传播，除了手抄本之外，已有印本。

唐朝刻印的书籍，现在保存下来的只有一部咸通九年刻印的《金刚经》。1900 年，在敦煌千佛洞里发现一本印刷精美的《金刚经》末尾题有“咸通九年四月十五日”等字样，距离现在已有一千多年。这是目前世界上现存的最早有明确日期记载的印刷品。这部《金刚经》卷首刻有一幅画，上面画着释迦牟尼对他的弟子说法的神话故事，神态生动，后面是《金刚经》的全文。这卷印品雕刻精美，刀法纯熟，图文浑朴凝重，印刷的墨色也浓厚匀称，清晰鲜明，刊刻技术已达到较高水平。

宋代的雕版印刷发展到全盛时代，各种印本繁多。技术臻于完善，尤其以浙江的杭州、福建的建阳、四川的成都刻印质量最高。宋太祖开宝四年（971年），张徒信在成都雕刊全部《大藏经》，费时 22 年，总计一千零七十六部，五千零四十八卷，雕版达十三万块之多，是早期印刷史上最大的一部书，以此可以看出当时印刷业的规模之大。宋朝雕版印刷的书籍，字体整齐朴素，美观大方，为人们所喜爱。

雕版印刷术诞生之后，得到了广泛运用，历朝历代，上至官府，下至平民，制版刻书之风延续不绝，直到中国封建时代的终结。雕版除用于印刷文字外，还广泛用于印制各种图画。宋代开始，雕版还不时用于印制纸钞。此外，除传统木刻雕版外，历史上也还出现过金属材料制作的雕版。上海博物馆收藏有北宋“济南刘家功夫针铺”印刷广告所用的铜版，可见当时已经掌握了雕刻铜版的技术。与木版相比，金属雕版虽然坚硬耐磨，但制版困难，着墨性能不佳。因此，传统印刷中，使用的大都是木刻雕版。

3. 彩色印刷

雕版印刷在开始时只有单色印刷，五代时有人在插图墨印轮廓线内用笔添上不同的颜色，以增加视觉效果。天津杨柳青版画现在仍然采用这种方法生产。将几种不同的色料，同时上在一块板上的不同部位，一次印于纸上，印出彩色印张，这种方法称为“单版复色印刷法”。用这种方法，宋代曾印过“交子”，即用朱墨两色套印

的纸币。

这种单版复色印刷的方法，色料容易混杂渗透，而且色块界限分明，显得呆板。人们在实践中，探索出了分版着色，分次印刷的方法。用大小相同的几块印刷板分别载上不同的色料，再分次印于同一张纸上，这种方法称为“多版复色印刷”又称“套版印刷”。“多版复色印刷”的发明时间不会晚于元代。

当时，中兴路（今湖北江陵县）所刻的《金刚经注》就是用朱墨两色套印的，这是现存最早的套色印本。到 16 世纪末，套版印刷广泛流行，在明代获得了较大发展。清代套色印刷技术又得到了进一步提高。这种套色技术与版画技术相结合，便生产出光辉灿烂的套色版画。明末《十竹斋书画谱》和《十竹斋笺谱》都是古版画的艺术珍品。

（四）活字印刷

1. 活字印刷的发明

雕版印刷的发明大大提高了印刷复制的速度，一版能印几百部甚至几千部书，对文化的传播产生了巨大的推动作用，但同时雕版印刷也存在明显的缺点。第一，刻版费时费工，大部头的书往往要花费几年的时间去雕刻。第二，大量的版片存放要占用很大的地方，而且常会因变形、虫蛀、腐蚀而损坏。如果遇到印量少而又不需要重印的书，会造成版片的浪费。第三，印制过程中如果发现雕版有错别字，更改起来非常困难，需要把整块版重新雕刻。随着印刷品种和数量的急剧增长，雕版印刷所耗费的人力物力也相当可观。

于是，人们开始寻求一种更加简便、更加经济的印刷技术。直到宋仁宗庆历年间（1041—1048 年），发明家毕昇总结历代雕版印刷的丰富实践经验，经过反复试验，发明了一种更先进的印刷方法——活字印刷术，实行排版印刷，使我国的印刷技术大大提高，完成了印刷史上一项重大的革命。

北宋平民出身的毕昇，用质细且带有黏性的胶泥，做成一个个四方形的长

柱体，在上面刻上反写的单字，一个字一个印，放在土窑里用火烧硬，形成活字。排版时先预备一块铁板，铁板上放松香、蜡、纸灰等混合物，铁板四周围一个铁框，然后按照文章内容，在铁框内将要印的字依顺序排好，摆满就是一版。排好后将版用火烘烤，使松香和蜡等熔化，与活字块结为一体，趁热用平板在活字上压一压，使字面平整，它同雕版一样，只要在字上涂墨，就可以进行印刷了。印刷结束后把活字取下，下次还可以继续使用。这种改进之后的印刷术就叫做活字印刷术。

为了提高效率，常准备两块铁板，组织两个人同时工作，一块板印刷，另一块板排字。印完一块，另一块又排好了，两块铁板交替使用，效率非常高。常用的字如“之”“也”等，每字制成二十多个活字，以备一版内有重复时使用。没有准备的生僻字，则临时刻出，用草木火马上烧成，非常方便。印过以后，把铁板再放在火上烧热，使松香和蜡等熔化，把活字拆下来，下次继续使用。为便于拣字，从印板上拆下来的字，都放入同一字的小木格内，外面贴上按韵分类的标签，以备检索。毕昇起初用木料作活字，实验发现木纹疏密不一，遇水后易膨胀变形，和药剂粘在一起不容易分开等问题，后改用胶泥。用这种方法在进行大批量的印刷时，效率非常高。不仅节约了大量的人力、物力，而且可以大大提高印刷的速度和质量，比雕版印刷要优越得多。

这就是最早发明的活字印刷术。这种胶泥活字，称为泥活字，毕昇发明的印书方法和今天的比起来，虽然很原始，但是活字印刷术的三个主要步骤：制造活字、排版和印刷，都已经具备。所以，毕昇在印刷方面的贡献是非常了不起的。北宋时期的著名科学家沈括在他所著的《梦溪笔谈》里，专门记载了毕昇发明的活字印刷术。

活字制版避免了雕版的不足，只要准备好足够的单个活字，就可以随时拼版，大大加快了制版的时间。活字版印完后，可以拆版，活字可重复使用，且活字比雕版占有的空间小，容易存储和保管，这样活字的优越性就表现出来了。

2. 活字印刷的发展

元代著名的农学家与机械学家王祯随后发明了木活字，在他留下的一部总结古代农业生

产经验的著作《农书》中记载了关于木活字刻字、修字、选字、排字、印刷的方法。他将木字雕刻完成之后，用小刀修成一般的高低大小，排字时用竹片和小木楔加固，这种木活字的印刷、使用效果都很好。王祯在安徽旌德请工匠刻制了三万多个木活字，于元成宗大德二年（1298 年）试印了六万多字的《旌德县志》，不到一个月就印了一百部，可见效率之高，这就是留有记录的第一部木活字印本。

王祯在印刷技术上的另一个贡献是发明了转轮排字盘。用轻质木材做成一个大轮盘，直径约七尺，轮轴高三尺，轮盘装在轮轴上可以自由转动。把木活字按古代韵书的分类法，分别放入盘内的一个个格子里。王祯做了两副这样的大轮盘，排字工人可以坐在两副轮盘之间，转动轮盘即可找字，这就是王祯所说的“以字就人，按韵取字”。转盘排字方法既提高了排字效率，又减轻了排字工的体力劳动，是排字技术上的一次重大革新。

到明清两代，木版活字印刷更加盛行。乾隆三十八年（1773 年），清政府曾经用枣木刻成二十五万多个大小活字，先后印成《武英殿聚珍版丛书》一百三十八种，共计两千三百多卷，这是中国历史上规模最大的一次木版活字印书。

木版活字之后，又相继出现了金属活字，铅、锡、铜都被用作造字的材料，使活字印刷得到了改进。明代弘治元年（1488 年）出现了铜活字，最大的工程要算印刷数量达万卷《古今图书集成》了，估计用铜活字达 100–200 万个。16 世纪初，出现了铅活字，使印刷技术进入了一个新时代。

我国的印刷术经过雕版印刷和活字印刷两个阶段的发展后，技术逐渐成熟，应用广泛，大大提高了书籍复制和传播的速度，成为现代印刷术的鼻祖。

（五）印刷术的传播与改进

中国的印刷术诞生之后，朝鲜在 10–11 世纪首先从中国引进了雕版印刷，印制了很多书籍。元朝统治者在征服朝鲜后，中国和高丽间的经济、文化交流十分频繁。据朝鲜的文献记载“活板之法始于沈括”，也就是说朝鲜的活字印刷

来自中国毕昇的发明。此后朝鲜设置铸字所，大力发展活字印刷，到了 13 世纪，朝鲜首先使用了铜活字，之后还创造了铅活字、铁活字等，对活字印刷的发展做出了贡献。

8 世纪，我国的雕版印刷传入日本。日本至今尚保存有 770 年雕版印刷的《陀罗尼经》，16 世纪前后在中国和朝鲜的影响下，开始了活字印刷，主要使用木活字。除汉字外，又依民族特点发展了日本假名活字。

我国的印刷术不仅向东方传播，而且远播西方各国。随着经济、文化交流的频繁，雕版印刷技术经中亚传到波斯，大约 12 世纪又由波斯传到埃及。波斯成了中国印刷技术西传的中转站，14 世纪末欧洲才出现用木版雕印的纸牌和学生用的拉丁文课本。

印刷技术传到欧洲，加速了欧洲社会发展的进程，为文艺复兴的出现提供了条件。马克思把印刷术、火药、指南针的发明称为“是资产阶级发展的必要前提”。中国人发明的印刷技术为现代社会的建立提供了必要前提。

在中国发明的雕版印刷和活字印刷的影响下，1450 年前后，德国人约翰·古登堡用铅锡合金制作拉丁文活字和木制印刷机械，印刷《圣经》等书。当时，中国和朝鲜已经出现了铅活字，但古登堡不仅使用铅、锡、锑来制作活字，而且还制作了铸字的模具，因此制作的活字比较精细，使用的工具和操作方法也很先进。不仅如此，他还创造了压力印刷机并研制了专用于印刷的脂肪性油墨。由于古登堡的一系列创造发明，对活字印刷的发展和在欧洲的传播做出了杰出贡献，从而成为了举世公认的现代印刷术的奠基人，他所创造的一整套印刷方法，一直沿用到 19 世纪。

为了进一步提高印刷的效率，1887 年，美国人托尔伯特·兰斯顿发明的铸排机代替了手工排版。19 世纪问世的采用滚动方式印刷机器代替了早期的平压式印刷机，为世界印刷业迎来了大发展。

（六）印刷术的深远意义

印刷术的发明和发展，为人类文明的传播提供了技术保障，为人类思想的进步带来了机会。现代文明的每

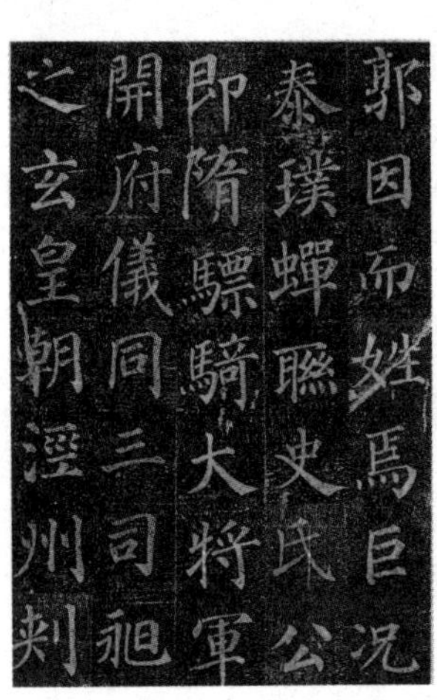

一步发展，都与印刷术的应用和传播密切相关。

1. 印刷术与书籍的传播

印刷术诞生后，书籍的生产速度得到了较大提高，生产成本也明显降低，这些优势使书籍的产量大大增加。同时由于印本的大量生产，书籍留存的机会也增多了，减少了因为手写本收藏有限而遭受绝灭的可能性。

印刷术的应用和发展使得书籍的外在形式得到统一，版面标准化、字体固定、校勘仔细，在雕版印刷之后产生了大量的好版本。这些都使读者养成了系统的思想方法，使各种不同学科组织的结构方式得以形成。

这些对书籍传播的思想结构、社会科技与文化的发展、人们接受信息的方式等也都产生了很大影响，促进了社会变革，推动了世界文明的进步。

2. 印刷术与教育的传播

印刷术使书籍的数量增多，同时促进了教育的普及和知识的推广。书籍的生产成本降低，价格便宜，图书不再是只有富人才能拥有的奢侈品了，书籍普及使更多的人提高了阅读能力和书写能力，反过来又扩大了书籍的需求。这使更多的人获得了接受学习教育的机会，也因此影响了他们的人生观和世界观，教育垄断的状况结束了。学术、教育从统治阶层中解放出来，更多有利于生产发展的文学、艺术、科学的读物迅速增加。

3. 印刷术与思想的传播

由于印本的广泛传播和读者数量的增加，统治阶级对学术的垄断开始遭到世人的挑战。宗教著作的优先地位也逐渐被人文主义学者的作品所取代，新学问、新思想得到了建立、发展的基础。神学的垄断地位受到掌握着传播手段的人文学者的极大冲击，预示一场时代变革的来临。

印刷术的发明和使用，对欧洲的思想和社会产生了十分重大的影响，促进了宗教改革和文艺复兴。

印刷术是人类近代文明的先导，它为知识的广泛传播和交流创造了条件，为社会文化面貌的改变带来了可能，它将人类的经验知识传播到世界的每一个角落，将文明的甘霖撒播到每一个人的心田，至此，人类告别了蒙昧闭塞的时代，以崭新的姿态向前迈进。

四、火药——热兵器时代的来临

提起火药，大家就会联想到硝烟弥漫的战场，联想到电光火石的争战和震耳欲聋的炮声，火药巨大的威力总是让人感到震撼和紧张。但威力如此巨大的火药在最初诞生时可不是为了战争和制造武器，纯粹是一个追求得道升仙过程中的偶然发现。

（一）火药简介

火药又被称为黑火药，是早期炸药的一种，因燃烧时有烟，故也称有烟火药，主要是硝酸钾、硫磺、木炭三种粉末按一定比例的混合物。这种混合物着火易燃，在适当的外界能量作用下，自身能进行迅速而有规律的燃烧，燃烧时生成大量高温的燃气，具有爆破作用和推动作用，能够使物体以一定的速度发射出去，力量很大。

火药在军事上主要作为枪弹、炮弹的发射药和火箭、导弹的推进剂及其他驱动装置的能源，是弹药的重要组成部分。现在火药虽然已经被无烟火药和 TNT 等炸药取代，但是还有少量作为烟花、鞭炮、模型火箭以及仿古的前堂上弹枪支的发射药在生产使用。

我国是最早发明火药的国家，距今已有一千多年的历史。火药正式出现于 9 世纪的唐朝，具体的诞生时间和发明人已无从考察，但我们可以肯定的是，火药的诞生与我国古代的炼丹术密不可分。从战国开始一直到汉初，帝王贵族总是沉醉于得道成仙或是长生不老的幻想，驱使一些方士道士开始炼就“不老仙丹”，结果“仙丹”没有炼成，却因为不断尝试而发现了一种“能着火的药”，这就是后来成为我国古代四大发明之一的火药。

（二）火药的组成

火药的主要成分是硫磺、硝石和木炭。古人在很早以前就对这三种物质有了一定的认识，这种认识为后来火药的发明准备了条件。

古人在烧制陶器、冶金的过程中逐渐认识了木炭，发现木炭的灰分比木柴少，而且强度高，是比木柴更好的燃料，开始广泛使用。

硫磺是天然存在的物质，人们在生产和生活中接触的机会很多，比如温泉中释放的硫磺气味，冶炼金属时逸出的二氧化硫刺鼻难闻，都会给人留下深刻的印象，所以人们很早就会开采硫磺了。

硝石是一种天然矿物，主要成分是硝酸钾，硝的化学性质活泼，能够和很多物质发生反应，对于硝的性质古人掌握得比较早，并且在实践中还总结了一些识别硝石的方法。南北朝时陶弘景的《草木经集注》中就写到："以火烧之，紫青烟起，云是硝石也。"

硝石和硫磺曾经一度被当做重要的药材使用，在汉代的《神农本草经》中，硝石被列为上品中的第六位，认为它能治二十多种病。硫磺被列为中品药的第三位，也能治十多种病。虽然人们对硝石、硫磺和木炭的性质都有一定的认识，但是将它们按一定比例混合在一起制成火药还得归功于古代炼丹家的发现。

（三）火药与炼丹术

火药的诞生源于古代的炼丹术。炼丹术是一种古代炼制丹药的技术，它采用将药物加温升华的方法来制造丹药，以求"得道成仙、长生不老"的灵丹妙药。炼丹术早在公元前 2 世纪就产生了，战国时期就有关于方士求"不死之药"的记载。自秦始皇、汉武帝广招方士，寻求长生不老之术以后，炼丹术便开始盛行，方士们为了炼制仙丹妙药，做了大量的尝试。他们把各类药物彼此配合烧炼：五金、八石（各种矿物药）、三黄（硫磺、雄黄、雌黄）、汞和硝石都是炼丹常用的药物。炼丹家的本意是指望借金石的精气，炼出一种能让人长生不

老、得道成仙的灵药，但最终一无所获。虽然这种违背自然规律的事情必然失败，但炼丹家们在炼丹活动中，广泛吸取劳动人民的生产生活实践经验，逐步认识自然界的普遍规律积累了大量关于物质变化的经验知识，对物质变化规律做出了有益的探讨，显示了化学的原始形态，成为近代化学的先驱。

炼丹术中的《火法炼丹》与火药的发明有着密切关系，这种方法大约是一种无水加热的方法。晋代葛洪在《抱朴子》中对火法有所记载，火法大致包括：煅（长时间高温加热）、炼（干燥物质的加热）、灸（局部烘烤）、熔（熔化）、抽（蒸馏）、飞（又叫升，即是升华）、优（加热使物质变性）。这些方法都是最基本的化学方法，也是炼丹术能够产生和发明的基础。炼丹家的虔诚和屡次的挫折，使得他们不得不反复实验和寻找新的方法，这就为火药的发明创造了条件。

最后，炼丹家虽然没有制成仙药，但由于大胆尝试，却在无意中发现、创造了不少新的东西。炼丹过程中起火，启示人们认识并发明了火药，这种由硫磺、硝石、木炭三种物质构成的极易燃烧的药，被称为“着火的药”，也就是火药。由于火药的发明来自炼丹术制丹配药的过程，所以在火药发明之后，曾一度被当做药物来使用。李时珍的《本草纲目》中就提到了火药能治疮癣、杀虫，辟湿气、瘟疫等疾病。

炼丹家虽然发明了火药，但却不能用它解决长生不老的问题，而且又容易着火，所以对它并不感兴趣。火药的配方便逐渐转到了军事家手里，后来应用于军事和战争。

（四）火药的应用

1. 唐朝

火药在军事上的使用是从“火攻”开始的，在火药发明之前，两方打仗也常常运用“火攻”，主要是运用一种叫做“火箭”的武器，在火箭的箭头上绑一些像油脂、松香、硫磺之类的易燃物质，点燃后用弓射出去，可以用来烧毁敌人的阵地。这样的火箭虽然有一定的效果，但由于燃烧速度不快，燃烧力小，所以很容易被扑灭。

大约到了唐代晚期，军事家发现并应用了火

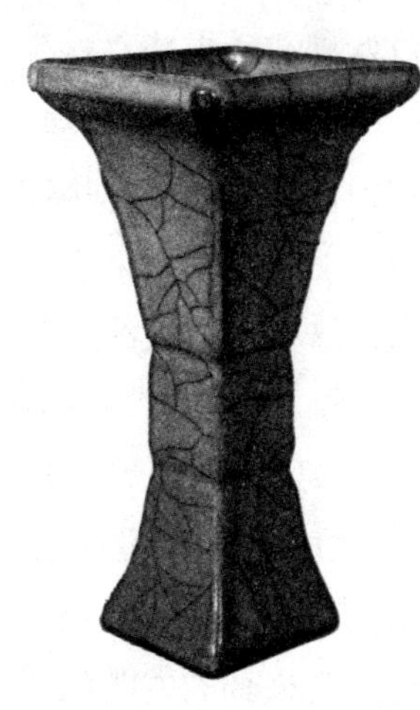

药，“火攻”很快就有了新武器。最早使用火药武器是在唐天佑元年（904 年）。当时的地方割据势力经常互相争斗，战斗中就曾使用过“飞火”攻城。“飞火”就是将一个火药团绑在箭杆上，点燃引信后发射出去，用来烧毁敌营，这就是“飞火”。

除了把火药绑在箭杆上之外，士兵还想到了另外一种办法。以前在攻城守城的时候常用一种抛石机，用来抛掷石头和油脂火球，是消灭敌人的利器。有了火药之后，人们开始利用抛石机来抛掷火药包代替石头和油脂火球，结果威力大增。据宋代路振的《九国志》记载，唐哀帝时，郑璠率军攻打豫章（今江西南昌）时，利用“发机飞火”，烧毁该城的龙沙门，他率壮士突火登城，这是有关用火药攻城的早期记载。

2. 宋代

宋代的手工业有了长足发展，科学技术有了较大进步，火药的制造技术也有了显著提高。宋代的民族矛盾、阶级矛盾加剧，战争连年不断，更促使了火药武器的迅速发展。据《宋史·兵记》记载：970 年，兵部令史冯继升进火箭法，这种方法是在箭杆前端缚火药筒，点燃后利用火药燃烧向后喷出的气体的反作用力把箭簇射出，这是世界上最早的喷射火器。1000 年，士兵出身的神卫队长唐福向宋朝廷献出了他制作的火箭、火球、火蒺藜等火器。

1044 年，北宋官修御定的《武经总要》中，就详细记载了这批最早的火药武器。这些火药武器主要分为火球类火器和火箭类火器两种。

火球类火器有引火球、蒺藜火球、毒药烟球等八种。它们的制作方法是把火药同铁片一类的杀伤物或致毒药物放在一起，然后用多层纸裹上封好。作战时，点燃引信后将它们抛射到敌军阵地。其中，引火球(也叫“火炮”)就是大火药包，用以烧夷敌军人马。蒺藜火球和毒药烟球也是火药包：蒺藜火球里面装有带刺的铁蒺藜，爆破后铁蒺藜飞散开来，遍落在道路上，阻止敌人兵马前进；毒药烟球内装砒霜、巴豆之类毒物，燃烧后成烟四散，使敌方中毒。

火箭类火器则是在箭头上附着炸药包，点燃引信，用弓弩发射出去，攻击较远距离的目标物。

随着火药兵器在战场上的广泛出现，迎来了军事武器时代的巨大变革。武器开始从使用冷兵器阶段向使用火器阶段过渡。在火药应用于武器的最初，主要是利用火药的燃烧性能。《武经总要》中记录的早期火药兵器，还没有脱离传统火攻中纵火兵器的范畴。但随着火药和火药武器的发展，人们开始逐渐掌握了火药的爆炸性能。

蒺藜火球、毒药烟球是爆炸威力比较小的火器。到了北宋末年，出现了爆炸威力比较大的“霹雳炮”“震天雷”等火器。这些火器由于采用了铁壳作为外壳，强度比纸、布、皮大得多，所以有一定的承受力，点燃后能使炮内的气体压力增大到一定程度再爆炸，所以威力强，杀伤力大。这类火器主要用于攻坚或守城，1126 年，李纲守开封时，就是用霹雳炮击退了金兵的围攻。

金与北宋的战争使火炮得到了进一步的改进，震天雷就是其中之一。这种铁火器，是铁壳类的爆炸性兵器。元军攻打金的南京（今河南开封）时，金兵就用了这种武器守城。《金史》对震天雷有这样的描述：“火药发作，声如雷震，热力达半亩之上，人与牛皮皆碎并无迹，甲铁皆透。”这样的描述可能有一点夸张，但是这是对火药威力的一个真实写照。从利用火药的燃烧性能到利用火药的爆炸性能，这一转化标志着火药使用的成熟阶段已经到来。

宋代由于战争不断，对火器的需求也日益增加，国家也加强了对火药的研究和生产。并设立了专门制造火药的国防工场，制造技术严禁外传。11 世纪编成的《武经总要》，详细记载了火药和火器的制造。书中记录了三种火药方子：“毒药烟球法”含有 13 种成分；“蒺藜火球法”，含有 10 种成分；“火炮火药法”含有 14 种成分。它们分别以不同的辅料，达到易燃、易爆、放毒和制造烟幕的不同目的。另外，书中还简要记述了当时火药的原料配比，其中硝石的比重已经超过了硫磺和木炭的总和，接近于现代黑色火药的比例。

宋神宗时朝廷设置了军器监，统管全国的军器制造。军器监雇佣工人四万多人，监下分十大作坊，生产火药和火药武器各为一个作坊，并占有非常重要的地位。史书上记载了当时的生产规模：“同日出弩火药箭七千支，弓火药箭一万支，蒺藜炮三千支，皮火炮二万支。”这些都促进了火药和火药兵器的发展。

到了南宋时期，火药的使用越来越普遍，火器也得到了进一步的发展。为了防御金兵的侵扰，南宋的军事家们不断改进武器。南宋初，宋高宗绍兴二年（1132 年），有一个叫陈规的军事学家，发明了一种管形火器——火枪，这在火器史上是一大进步。

火枪是由长竹竿作成，先把火药装在竹竿内，打仗的时候，由两个人拿着，

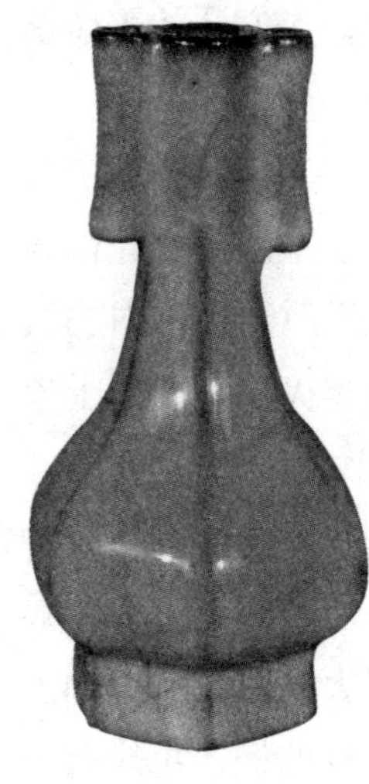

点燃火发射出去，喷向敌军。这是我国最早出现的管形火器，有了管形火器，人们就可以比较准确地发射和适当地操纵火药的起爆了。陈规守安德时就用了“长竹竿火枪二十余条”。

火枪发明以后，经过不断的改进，到了南宋末年，又有人发明了突火枪。1259年，寿春地区有人制成了突火枪，突火枪是用粗竹筒做的，这种管状火器与火枪不同，火枪只能喷射火焰烧人，而突火枪内装有“子巢”，火药点燃后产生强大的气体压力，把“子巢”射出去。“子巢”就是原始的子弹。突火枪开创了管状火器发射弹丸的先河，成为近代枪炮的开端。现代枪炮就是由管状火器逐步发展起来的，所以管状火器的发明是武器史上的又一次大飞跃。

宋代的火器已经发展到相当高的程度，可以作为中国古代火器的代表，是中国火药制造与使用技术的标志。

3. 明代

到了元明时期，宋代原始的管状火器开始改用金属来制造，竹制的突火枪改用铜或铁来打造，铸成大炮，称为“火铳”。1332年的铜火铳，是世界上现存最早的有铭文的管状火器实物。

这些火铳主要分为两类，一类是口径小、细长轻便、铳尾安装木柄、由单人持击的手铳，用来发射石制或铁制的散弹。另一类是口径大、粗短较重、需要安于架上、发射球形弹丸的碗口铳。这两种火铳后来分别演变为枪和炮。火铳是中国古代第一代金属管形射击火器，它的出现，使火器的发展进入一个崭新的阶段。

明代在作战火器方面，发明了多种“多发火箭”，如同时发射十支箭的“火弩流星箭”；发射三十二支箭的“一窝蜂”；最多可发射一百支箭的“百虎齐奔箭”等。明燕王朱棣（即明成祖）与建文帝战于白沟河时，就曾使用了“一窝蜂”。这是世界上最早的多发齐射火箭，堪称现代多管火箭炮的鼻祖。

值得提出的是，根据茅元仪《武备志》一书的记载，当时水战中有一种名叫“火龙出水”的火器。这种火器可以在距离水面三四尺高处飞行，远达两三里。这种火箭用一根五尺长的大竹筒，做成一条龙，龙身上前后各扎两支大火箭，腹内藏数支小火箭，大火箭点燃后推动箭体飞行，“如火龙出于水面”。火药燃尽后点燃腹内小火箭，从龙口射出。击中目标将使敌方“人船俱焚”，这是

世界上最早的二级火箭。

另外，该书还记载了“神火飞鸦”等具有一定爆炸和燃烧性能的雏形飞弹。“神火飞鸦”用细竹篾绵纸扎糊成乌鸦形，腹中装有火药，由四支火箭推进，可飞百余丈，着陆后可以烧敌人的军营粮草。它是世界上最早的多火药筒并联火箭，它与今天的大型捆绑式运载火箭的工作原理很相近。

明朝时候，技术水平最高的火箭，发射出去还能再飞回来。这种火箭叫“飞空砂筒”。根据《武备志》记载，这种火箭是把装上炸药和细砂的小筒子，连在竹竿的一端；同时，再用两个“起火”一类的东西，一正一反地绑在竹竿上。点燃正向绑着的“起火”，整个筒子就会飞走，运行到敌人上方时，引火线点着炸药，小筒子就下落爆炸；同时，反向绑着的“起火”也被点着，使竹竿飞回原来的地方。这种“飞空砂筒”，不但是一种两级火箭，而且还能飞出去又飞回来，设计非常巧妙。

我国的这些火药武器在当时都是最先进的。元初成吉思汗和他的子孙们就是凭借这些武器称王于中亚、波斯等地，扬威一时。但是在我国，火药除了应用于武器制造之外，还广泛应用于娱乐方面，如爆竹、流星、烟火等游艺。《事物纪原》中就曾记载“魏马钧制爆仗，隋炀帝益以火药为杂戏”，北宋以后，这方面的记载就更多了。《会稽志》一书中提到：“除夕爆竹相闻，亦有以硫磺作爆药，声尤震厉，谓之爆仗。”在我国民间还有在一二丈高的木架上施放的烟火，这种烟火与今天施放到天空中的烟火不同，燃放时间可长达两三个小时，其间可出现各色灯火、流星、炮仗等，有时还有重重帷幕下降，出现亭台楼阁、飞禽走兽等布景。

元朝书法家赵孟頫就曾写下千古名诗赞美燃放烟火的绚丽多姿。可见当时施放烟火时的壮观情景。古往今来，不仅在中国，世界上许多国家都有在节日期间燃放烟火以示欢庆的习俗，以其蕴含的文化艺术和民族风情，增添喜庆欢乐的气氛。

赠放烟火者

赵孟頫

人间巧艺夺天工，炼药燃灯清昼同。
柳絮飞残铺地白，桃花落尽满阶红。
纷纷灿烂如星陨，霍霍喧逐似火攻。
后夜再翻花上锦，不愁零乱向东风。

随着火箭的发展，14 世纪末，我国还有人想借助火箭的力量来飞行。这件事被记载在美国火箭学家赫伯特·S·基姆 1945 年出版的《火箭和喷气发动机》书中，他提到：14 世纪末年，有一个中国官吏叫万户，曾经在一把椅子后面，装上 46 支大火箭，人坐在椅子上，两手拿着两个大风筝。然后叫人用火把这些火箭点着，他想借着火箭推进的力量，再加上风筝上升的力量，使自己飞向前方，结果没有成功。这位官吏的幻想虽然没有实现，但是十分可贵，它和现在喷气式飞机的原理是非常相近的。尽管这是一次失败的尝试，但万户被誉为利用火箭飞行的第一人。为了纪念万户，月球上的一个环行山以万户的名字命名。

（五）火药的传播

火药在我国诞生后，得到了广泛的应用，1225—1248 年间，火药由商人经印度传入了阿拉伯。后来在 12 世纪后期，西班牙人通过翻译阿拉伯人的书籍逐渐了解到火药，而主要的火药武器大多是通过战争西传的。

13 世纪，成吉思汗发兵西征中亚，蒙古军队使用了火药兵器，1260 年元世祖的军队在与叙利亚作战中被击溃，阿拉伯人缴获了火箭、毒火罐、火炮、震天雷等火药武器，从而掌握了火药武器的制造和使用。火药技术这才传到阿拉伯世界，又由阿拉伯人传到了欧洲。阿拉伯人与欧洲一些国家进行长期战争的时候，由于使用了火药兵器，使欧洲人逐渐掌握了制造火药和火药兵器的技术。英、法各国直到 14 世纪中期，才有应用火药和火药武器的记载。

火药和火药武器传入欧洲，“不仅对作战方法本身，而且对统治和奴役的政治关系起了变革的作用。要获得火药和火器，就要有工业和金钱，而这两者都为市民所占用。因此，火器一开始就是以城市为领先的新兴君主政体反对封建贵族的武器。以前一直攻不破的贵族城堡的石墙抵不住市民的大炮，市民的子弹射穿了骑士的盔甲。贵族的统治跟身穿铠甲的骑兵同归于尽，土崩瓦解。随着资本主义的发展，新的精锐的火炮在欧洲的工厂中制造出来，装备着威力强大的舰队，扬帆出航，开始去征服新的殖民地……”。

（六）火药的影响

火药的诞生和火药武器的出现，是世界兵器史上划时代的大事，它使军事作战武器发生了飞跃性的进步，揭开了兵器发展史上的新篇章。人们从使用冷兵器向使用火器阶段迈进，一场伟大的军事变革正在孕育，终将使战争的面貌彻底改变。

火器的应用，使人类由冷兵器时代开始进入到热兵器时代。士兵在战场上的肉搏再也不是决定胜负的关键，热兵器时代下，装备先进火器的军队在和冷兵器的军队作战时，基本占有了战场上的绝对优势。

中国作为火药的故乡、现代枪炮始祖的发源地，在将火药应用于军事斗争的实践活动中，走在了世界的前列。仅以《武经总要》所明确记载的火药武器来说，就比欧洲出现的火药武器早了约三个世纪。据悉，一直到19世纪为止，黑火药都是唯一的推进燃料和炸药。

正是由于火药的广泛使用，才使大规模地开采矿产成为可能，才有了近代的矿冶业，从而推动了近代工业的长足发展。

中国火药火器技术的西传，影响和推动了其他国家军事科技的发展和世界历史的进程。这不仅改变了欧洲的作战方法，而且成为欧洲市民阶层反对封建贵族的锐利武器，帮助资产阶级把封建骑士阶层彻底打败，为资产阶级革命的胜利铺平了道路。

但是进入近代以后，由于我国封建制度的落后以及长期闭关自守的政策，使一度先进的火药使用与火药武器的制造技术逐渐落伍，并逐渐被欧洲人赶超，中华民族发明了火药，却没有用自己的火药制造出威力强大的枪炮，只能用自己的血肉之躯抵抗侵略者的进攻，人民饱受压迫，这是值得我们深刻思考的历史教训。

如今，现代火药的发展使火药在军事、航天、建筑、交通等各行各业正发挥着重要的作用。无烟火药、双基火药、雷管、TNT等的出现，使现代意义上的枪炮、火箭、炸弹、导弹等武器得以产生。中华民族的伟大发明正在以新的姿态走向世界，迈向未来。

古代火箭

我国是世界上最早发明火箭的国家，至迟在唐代我国人民已发明了黑火药，有了合用的固体燃料和氧化剂，为火箭的发明打下了物质基础。火箭技术在南宋发明以后首先在中国境内各地推广，成为军队和远洋商船的必备武器。利用火箭原理制成的烟火，则成为各地节日期间或集会、仪式常用的娱乐助兴的用品。随着中国对外交通贸易和科学交流的开展，火药和火箭技术也随着有关实物的流出而外传。

一、火药的发明与应用

（一）火药的起源

古代火药是以硝石、硫磺、木炭或其他可燃物为主要成分，点火后能速燃或爆炸的混合物。火药是中国古代四大发明之一，因硝石、硫磺等在中国古代都是药物，混合后易点火并猛烈燃烧，故称为火药。现代黑火药就是由中国古代火药发展而来的。火药是人类掌握的第一种爆炸物，对于世界文明的进步产生了不可估量的影响。

在火药发明的过程中，炼丹家的作用特别重要。古代火药的主要成分是硝石和硫磺以及硫磺的砷化物，都是炼丹术中常用的药物。在西汉末东汉初的炼丹书《三十六水法》中，有名为“硫磺水”“雄黄水”“雌黄水”的丹方，用硝石与硫磺、雄黄和雌黄在竹筒中以水法共炼。东晋时，炼丹家葛洪在他的著作《抱朴子内篇·仙药》中，有以硝石、玄胴肠、松脂三物炼雄黄的记载。经实验证明：当硝石量小时，三物炼雄黄能得到砒霜及单质砷；而当硝石比例大时，猛火加热，能发生爆炸。

隋末唐初医学家、炼丹家孙思邈，史称药王。《孙真人丹经》相传是孙思邈所撰，其中记载多种“伏火”的方法。“伏火硫磺法”如下：“硫磺硝石各二两，令研。右用销银锅或砂罐子入上件药在内，掘一地坑，放锅子在坑内，与地平，四周却以土填实。将皂角子不蛀者三个，烧令存性，以钤逐个入之。候出尽焰，即就口上着生熟炭三斤，簇段之。候炭消三分之一，即去余火不用。冷取之，即伏火矣。”唐元和三年（808年），炼丹家清虚子在其所著《太上圣祖金丹秘诀》中记载有将硫磺伏火的方法：“硫六两，硝二两，马兜铃三钱半。右为末，拌匀。掘坑入药于罐内，与地平，将熟火一块，弹子大，下放里面。烟渐起，以湿纸四五重盖，用方砖

两片捺，以土冢之，候冷取出。”

这类伏火之法，虽然炼丹家的原意是为了使硫磺改性，避免燃烧爆炸，以达到炼丹的目的。但多次的失败使他们认识到，上述丹方中含有硝石、硫磺和“烧令存性”（即炭化）的皂角子或马兜铃粉，三者混合具有燃烧爆炸的性能。炼丹家正是通过他们的长期实践，才发现硝石、硫磺和木炭等混合物的爆炸性能，而这种混合物就是原始的黑色火药，因此至迟在中唐时期，含硝、硫、炭三种成分的火药已经在中国诞生。

在中唐时期成书的《真元妙道要略》中有明确的记载：“有以硫磺、雄黄合硝石并蜜烧之，焰起烧手面及烬屋舍者。”以及：“硝石宜佐诸药，多则败药，生者不可合三黄等烧，立见祸事。”三黄是指硫磺、雄黄和雌黄。以上正是唐代及唐代以前炼丹家在发明火药的过程中，对这类丹方燃烧爆炸性能的经验总结。晚唐五代时期，火药从炼丹家的丹房里传入军事家手中，原始火药也由此而逐渐进入军事应用的新阶段。

（二）火箭的前身——烟火

原始火药燃烧现象在中国至迟在 9 世纪已被观察并记录下来，而 10 世纪时用火药制成的纵火箭、蒺藜火球、毒药烟球等武器，已用作攻守利器。随着火药配方和制造技术的进步，12 世纪初研制出固体火药，并把它小批量地用于制造娱乐用烟火。烟火的发展又导致反作用装置的出现，即所谓“起火”，把起火再用于军事，就成了早期的火箭。并不是先有火箭，后有烟火；而是先有烟火，后有火箭。因此，可以说烟火是火箭的前身。就整个火器而言，应该说是先用于军事，后用于娱乐。而就火箭而言，则是先用于娱乐，后用于军事。

所谓烟火和爆仗，指的是在用多层纸卷成的纸筒内放置固体火药及辅助剂，接以药线，点燃后产生光、色、音响和运动等效果的娱乐品。多用于节日、喜庆日或各种仪式中，这种习俗在中国保留至今。爆仗主要是产生音响，又名纸炮、炮仗和爆竹，分为单响及双响两种。将许多小型爆仗用药线串联起来叫

“鞭炮”，点燃后会连续作响。“爆仗”“爆竹”之名在火药发明前已有，但指的是不同的东西，不可混淆。托名东方朔（公元前154年—公元前93年）所作《神异经》中曾指出：“有山臊恶鬼，人犯之不吉。故于火中烧竹，发出爆裂之声，用以驱邪。”南北朝时期的梁朝（502—557年）人宗懔在《荆楚岁时记》中引《神异经》云：“正月一日，鸡鸣而起，先于庭前爆竹，以避山臊恶鬼。”可见早期爆竹是指用火燎竹，以驱恶邪。这种习俗在隋唐时仍是如此。如张说（667—730年）《岳州守岁》诗云：“桃枝堪辟恶，爆竹好惊眠。”北宋以后，以火药代之，故虽用“爆仗”或“爆竹”之名，实质则异。

烟火又名焰火、烟花，或简称为花，可从花筒中喷出各色烟雾或变幻出各种景象，可单枚点放，亦可将多枚串联后点放。还有将烟火与爆仗混合串联，搭在高架上点放的，除发出色烟、声响外，还能显示出各种景象或戏曲形象。所谓“药发傀儡”即指此，这种娱乐品兴盛于宋代。“烟火”一词，古已有之，但含义另有所指。如《史记·律书》：“鸣鸡吠狗，烟火万里。”指炊烟，转义为住户。《汉书·匈奴传》：“北边自宣帝（公元前73年—公元前49年）以来，数世不见烟火之警。”指边塞烽火之警。又如道家称辟谷修道为不食烟火食，此指熟食。这里再次遇到古文中一词数指之例。如不予以区分，便易导致概念混乱。这是研究火器史时经常要注意的。

由于概念混乱，故对于烟火、爆仗的起源，早期文献多有误解。宋人高承在《事物纪原》中云：“魏（220—265年）马钧制爆仗，隋炀帝（569—618年）益以火药为杂戏。”此说法似乎早了些。明人方以智在《物理小识》卷八中认为烟火起于唐代（618—907年），此说缺少可靠的文献证据。北宋初火药被实际应用后，有了制造这类“危险玩具”的技术背景，烟花便成为节日时的重要娱乐用品。北宋本草学家寇宗奭的《本草衍义》写道：“硝石，是再煎炼时已取讫芒硝，凝结在下如石者……惟能发烟火。”南宋初绍兴年间（1131—1162年），任内府枢密院编修的王铚在《杂纂续》中列举了许多使人又喜又惧的事，其中包括“小儿放纸炮”。

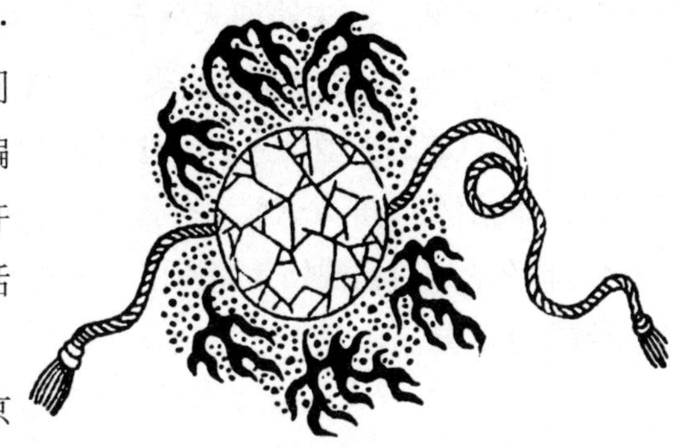

曾于北宋年间居住在都城汴京

（开封府）的孟元老，在 1147 年写成《东京梦华录》（1187 年刊）以追忆往事，提到军士百人在御前表演百戏（杂技），同时燃放烟火和爆仗。他在该书卷七《驾登宝津楼诸军呈百戏》一节中绘声绘色地描写了表演杂技的军士化装成各种模样，手持武器和盾牌出阵对舞，“忽作一声霹雳，谓之爆仗。则蛮牌者引退，烟火大起……或就地放烟火之类，又一声爆仗，乐部动拜新月慢曲，有面涂青绿戴面具金睛……又爆仗一声，有假面长髯、展裹绿袍靴筒如钟馗像者……”这里，孟元老既提到烟火，又提到爆仗，显系指火药杂戏而言。冯家升认为孟元老所述的汴京烟火不是由火药制成，而是由火纸扇松香时造成的烟火，此说值得商榷。如由松香借火纸点燃，何以能发出霹雳巨响？何况孟元老清楚提到使用“爆仗”，当时汴京制造的烟火、爆仗，并非用松香，而是用固体火药为原料。至于“假面钟馗”，也是烟火杂戏的表演项目，一直流传到近代。

南宋时，任绍兴府通判的施宿，在《嘉泰会稽志》（1202 年）中记载：“除夕爆竹相闻，亦或以硫磺作爆药，声尤震惊，谓之爆仗。”这与孟元老讲的是同一物，但爆药成分中除硫磺外，还应有硝石和木炭，此处被漏记。南宋人耐得翁在《都城纪胜》（1235 年）中专追记临安（今杭州）琐事，在《瓦合众伎》节内介绍各种杂技、曲艺、杂剧和杂手工艺，其中包括“烧烟火，放爆竹，火戏儿”。比此书成书更早的由笔名为西湖老人写的《繁盛录》中也提到：“多有后生于霍山杭州之侧，放五色烟火，放爆竹。”显然也是指由火药制成的玩具。《繁盛录》无成书年款，但书中有“庆元间（1195—1200 年）油钱每斤不过一百”之语，则知作者于宁宗（1195—1224 年在位）时在世，其书当成于 1200—1230 年间。南宋钱塘人吴自牧在《梦粱录》第六卷《十二月》条中写道：“又有市爆仗、成架烟火之类”，“成架烟火”就是将多种烟火串联在一起置于高架上点放的大型烟火。同卷《除夜》条还有“是夜，禁中爆竹篙呼，闻于街巷……烟火、屏风诸般事件爆竹……声震如雷”的记述。可见，在宋代，用火药制作的爆竹已开始普遍使用。10 世纪后，关于试制和试验火药兵器的记载已屡见于文献。

二、中国古代火箭之路

古代中国，“火箭”一词，最早见于《三国志·魏明帝纪》注引《魏略》。魏太和二年（228 年），蜀国诸葛亮出兵攻打陈仓（今陕西省宝鸡市东），魏守将郝昭“以火箭逆射其云梯，梯然，梯上人皆烧死”。但当时的“火箭”，只是在箭杆靠近箭头处绑缚浸满油脂的麻布等易燃物，点燃后用弓弩发射出去，用以纵火。火药发明后，上述易燃物被燃烧性能更好的火药所取代，出现了火药箭。靠火药燃气反作用力飞行的火箭问世后，仍沿用这一名称，但其含义已根本不同。

（一）宋、金、元时期的火箭

北宋（960—1127 年）是火药和火器用之于军事目的的较早时期。在这以前，五代（907—960 年）末期可能有的地区已有了军用火药，并制出初期的火器。北宋初期，由于作战的需要，对兵器制造极为重视。除常规武器外，这时的火器主要是靠弓弩发射的火药纵火箭和靠抛石机投出的各类火球（火药包）。并设“广备攻城作”，管理火药、猛火油等十一个作坊。宋初的统治者，有时亲自观看纵火箭的演放。但 1127 年北宋亡于金，因此汴京等地的火药、火器作坊和工匠为金所有，并反过来用火药攻打南宋。蒙古政权于 1206 年建立后，先后灭西辽和西夏，进而南下攻金，于 1153 年占领金中都（今北京）。金被迫迁都南京（即北宋的汴京，今河南开封）。自此蒙古军也掌握了火器。

1128 年，南宋政权建立于临安（今浙江杭州），中国境内除吐蕃（今西藏）、大理（今云南境内）外，主要是南宋、金和蒙古三个政权经常相互交战，并且彼此都使用火器。因而在十二、十三世纪的中国一些主要战场上，总是硝烟弥漫、火光冲天、响声震耳。根据史料记载，1161 年，金主完颜亮率水军在采石镇（今安徽省当涂北）附近的长江江面上与南宋大将虞允文指挥的水军发生激战。完颜亮

在岸北以小红旗指挥先行抢渡入江的金军，准备次第渡江攻占采石，再挥兵趋建康府（今南京）。不料采石的军民在虞允文的指挥下，奋力应战。宋军虽只有一万八千人，在人数上居寡势，但他们善于水战，又掌握有浆轮战船和先进的火器“霹雳炮”。他们首先将抵至南岸的金船七十艘拦腰切断，用轻快战船“海鳝”冲至敌舟，使其沉没。又出动藏于中流的精兵从上流攻向金军。宋军从船上发射霹雳炮，使对方伤亡很大。这种武器由纸筒做成，内置发射药和爆药，并混有石灰屑。点燃药线后，发射药燃烧喷出火焰，借反作用推力将武器射向敌舟。然后发射药引燃爆药，发出巨响，纸筒炸裂而石灰散为烟雾，使金军睁不开眼。宋军趁乱火烧其余金船，并射杀其有生力量，取得采石大捷。霹雳炮飞向空中，下落到江面时，甚至还可在水面上爆炸，实际上是火箭弹。

完颜亮失败后，又从另路攻宋的水军，由工部尚书苏保衡率领，企图从海路攻打南宋都城临安。但他们在山东密州胶西县陈家岛（今胶州湾）又被宋将李宝军击败。李宝，河北人，早年为岳飞（1103—1142 年）部下，屡建战功。1161 年任浙西路马步军副总管，率战船一百二十艘，射手三千人，抗击金水军。途中援救了被金军困在海州的魏胜抗金义兵，并与山东义军取得联系，再从海上进军到密州胶西县。当得知金军不惯水战的情报后，及时发动进攻。逼近金船后，李宝所部突然鼓噪而进，金军失措。“宝命火箭射之，烟焰随发，延烧数百艘”。金船大半起火被焚，少数幸免于火的金船，也由跃上船头的宋军以短兵击刺。金军中汉人脱甲而降者三千多人，主帅苏保衡只身逃离，金舰队被全歼。魏胜攻克海州后，又增加了金军的后顾之优。这时金内部发生宫廷政变，东京留守完颜雍自立为帝（世宗），废完颜亮。完颜亮进扬州，为部下所杀。

金军在与宋军多次交战中，由于受火箭袭击而遭溃败，因而决心掌握这种武器技术，并以这种武器对付敌军。1232 年四月，蒙古将领速不台受大汗窝阔台（世宗）之命，率部围攻金都（开封府）。守城军民奋战十六昼夜，金将赤盏合喜以铁制炸弹（“震天雷”和“飞火枪”）袭击蒙古军，使其畏惧。速不台不得不暂时退兵。1233 年，金归德府守将蒲察官奴又率忠孝军，分乘战船出发，趁夜捕杀蒙古守堤巡逻兵，偷渡至蒙古军在王家寺的大营。所谓忠孝军，是依

附于金的各族部队，包括回、乃蛮、羌、浑和中原的汉人，作战英勇。初由金定远大将军完颜陈和尚（名彝，1192—1232 年）统率，成为抗蒙的一支劲旅。蒲察官奴将忠孝军分成若干小队，持飞火枪夜袭蒙古大营。由于蒙古军腹背受敌，仓皇间溃败，溺水死者三千五百余人。官奴尽焚其寨，取得一次胜利，这是文献明确记载的火箭攻击战。

1233 年，金都城久困后终被攻陷，速不台率蒙古军入城。最初，窝阔台（1186—1241 年）听从中书令耶律楚材（1190—1244 年）的建议，弃屠城旧制。楚材说："凡弓矢甲仗金玉等匠及官民富贵之家，皆聚此城中。杀之则一无所得，是徒劳也。"又说："所争者，土地与人民耳。得地无民，将焉用之?"因诏从其议。除完颜一族外，余皆得免。因而开封府内制造火器（包括火箭）的技工尽为蒙古所有。蒙古军掌握火箭等火器后，其军事装备为之一新。1234 年，南宋与蒙古合攻金的最后据点——蔡州，金灭亡。此后，蒙古便竭尽全力于西征和灭宋两项目标。火箭技术也就被传入了欧洲。

元代版图很大，但统治时间并不长。由于阶级压迫和民族压迫深重，各地不断爆发抗元斗争。元末至正年间（1341—1368 年），农民起义的规模最大，而元军在镇压群众起义时，也动用了火箭。1351 年湖北罗田人徐寿辉聚众破蕲州、黄州，将士头戴红巾，号称"红巾军"。红巾军于 1352 年攻下武昌，再分兵取江西、湖南等地。当徐寿辉部乘数千艘船顺流至九江攻城时，元总管李枷督军守备，以木桩封锁江面，更发火箭向红巾军战船射之，使义军受到损失。1353 年，徐寿辉率部从江西向浙江进发，攻下杭州，1355 年称帝后迁都汉阳。与此同时，其他各地起义也接踵而起。

徐寿辉率众起义后，1352 年，泰州盐贩张士诚（1321—1367 年）及其弟士德、士信也率盐丁起兵，五月攻下高邮，屯兵于东门。时元将纳苏喇鼎麾兵挫其锋，张士诚部卒鼓噪应战，元兵"乃发火箭火镞射之，死者蔽流而下"。不久，张士诚另路援军赶到，元兵不能支，主将纳苏喇鼎战死，遂溃不成军。次年，张士诚以高邮为都，自称诚王，国号大周，建元天赫。此后，更渡江攻下常熟、湖州、松江、常州等地。1356 年，张士诚又定都平江（今江苏省苏州）。1352 年元将纳苏喇鼎攻张士诚时用的"火镞"就是火箭，而"火箭"指喷火筒。

元兵溃败后，这些武器又为张士诚部所有。因而在元代，除官兵外，农民义军也掌握了火箭武器。

（二）明代的火箭

元末的农民起义动摇了元代的统治。原来属于郭子兴部红巾军属下的朱元璋夺取了农民起义的果实，在排除异己后，于1367年出兵北伐，1368年即位，

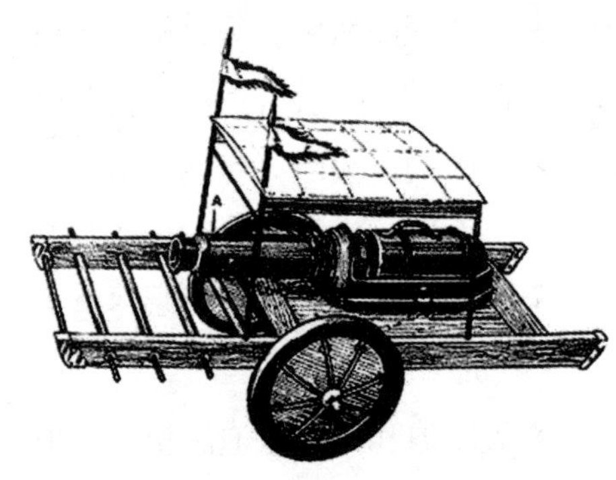

国号为明（1368—1644年），建元洪武（1368—1398年），定都南京。明太祖朱元璋在推翻元代统治和统一中国的斗争中，也是多以火器取胜。前述元末徐寿辉的红巾军建都汉阳后，1357年其部将明玉珍率军入蜀称帝，国号大齐。洪武四年（1371年），朱元璋令汤和、周德兴、廖永忠率水军攻齐，蜀齐以长江三峡之天险抗击。1371年，廖永忠至夔州，欲攻瞿塘关，时蜀平章邹兴设铁索飞桥横据关口，桥上安置火炮，且值长江水涨。廖永忠不得正面进攻，乃命壮士操小舟偷渡上游，趁夜水陆兼行，以铁包船头，置火器向前。先破陆寨，再由上流水军夹击水寨，“发火炮、火筒夹攻，大破之。邹兴中火箭死”。遂焚桥断索，长驱直入。在这次瞿塘关战役中，明将廖永忠水陆军并进，以火炮、喷火筒和火箭兼用的迂回夹击战术，取得成效。

1388年，明初大将沐英（1345—1392年）奉命率兵入滇，思伦发聚众三十万，战象百余，至定边（今云南蒙化县南）邀战。沐英选骁骑三万，昼夜兼行应战，“乃下令军中，置火铳、神机箭为三行，列阵中。俟象进，则前行铳箭俱发；不退，则次行继之；又不退，则三行继之。”明代江东人顾少轩著《皇明将略·沐英传》记载，在此次对付象战的过程中，沐英部属“火箭、铳、炮连发不绝”。在火力和巨响之下，象群惊走或被矢而死，思伦发败阵而遁。这次定边战役也是以火箭与火铳、火炮齐发而奏效的。

明代火箭是直接继承宋、金、元火箭而发展起来的，它在明初朱元璋各地用兵的过程中就用之战场上了，此后又有许多新的改进和技术上的突破。明太祖及其继承者都很重视包括火箭在内的火器，称为“神器”，下令督造并装备于

马、步、水军等常备军中。明代军制至成祖永乐时（1403—1424年）更为完备，设火药局制造各种火药，兵仗局和军器局则司制造各种火器，而神机营则操练军士使用火器，内库负责贮存武器。这些机构由内臣掌握，禁止泄露技术机密，京外卫所不得擅自制造。

明代中、晚期，由于沿海倭寇滋扰和北方清兵的南下进袭，使明廷统治者特别注意火器生产。明中叶以后，朝政纲纪不振，火器技术逐步外流，因而出现不少这类兵书，为研究火药和火箭技术提供了丰富资料。例如，《火龙经》、唐顺之的《武编》、戚继光的《纪效新书》、赵士祯的《神器谱》、王鸣鹤的《登坛必究》、李盘的《金汤借著十二筹》、何汝宾的《兵录》、茅元仪的《武备志》和焦勖的《火攻挈要》等书，都论及火药、火箭、火炮等火器，并有插图。虽然火箭已在宋、金、元时用之于实战，但关于火箭技术拥有明确而详细的记载和图样，还是从明代开始的。

根据这些明代兵书的记载，明代火箭达几十种之多，其中有战时用的军用火箭、信号火箭，也有民间用的娱乐火箭。在军用火箭中，大体上可分为四大类：单飞火箭、集束火箭、火箭弹和多级火箭。单飞火箭是单个的一支火箭，导杆上端附有铁箭链，有时铁上涂以虎药（毒药），导杆下端有羽翎制成的尾翼，尾翼下有小的铁锤。安装尾冀、铁锤可以使火箭飞行平稳，并控制飞行方向。单飞火箭是最基本的常用火箭，所有其他种类的火箭都是在它的基础上发展起来的。集束火箭是为了提高单飞火箭的命中率并加强其火力集中而设计出来的。将许多支单飞火箭用一根总药线串联起来，并排放在筒里或盒子里，点燃总药线后，所有这些单飞火箭迅即同时向同一方向发射出去。在敌方有生力量或粮草集中的地方，集束火箭的密集袭击能构成严重威胁。火箭弹是在火箭筒上附有炸药、毒剂，当火箭筒发射到敌方后，发射药引燃炸药，爆炸后发出震耳的响声，并散出火焰、烟雾或毒剂。多级火箭是为增加火箭射程而设计的，将两个以上单飞火箭首尾相连，可达到单飞火箭无法达到的距离。多级火箭是明代火箭技术的重大成就。在上述四大类火箭中，每一大类又可细分为许多种。

（三）清代的火箭

明末，以李自成（1606—1645 年）为首的农民军声势浩大，终于在 1644 年推翻了明朝，李自成在北京建立大顺政权。但未及巩固，山海关握有重兵的明

将吴三桂（1612—1678 年）勾结满族贵族势力攻打大顺，使义军遭到失败。清世祖福临在汉族大地主势力支持下率军于 1644 年进入北京，建立了清王朝。清代统治二百六十七年，是中国历史上最后一个封建王朝，也是古代火箭史上最后一个发展阶段。清代火箭发展的特征有两个：一是明代以来的传统火箭技术在这时得到继续发展和改进；二是道光年间（1821—1850 年）以后，从欧美引进了西方新式火箭，从而过渡到火箭史的近代阶段。

清兵的武器装备技术最初是落后的，但在与明军的历次交战中，缴获了许多先进的火器，又俘虏、诱降一些汉军和技术工匠为清兵制造各种火器，从而一改旧观。在与明军交战的战场上，清统治者目睹火炮、火枪和火箭等火器的威力，因而对这类武器的制造和使用给予了很大的重视。早在天聪五年（明崇祯四年，1631 年），皇太极就下令铸造红夷火炮，命汉军以火器攻大凌河（今辽宁省锦州附近）。1631 年大凌河战役中，清兵用火炮和火箭向明军发动了攻势。据魏源（1794—1857 年）《开国龙兴记》所述，当时明总兵吴襄（？—1644 年）率部渡小凌河与清兵应战。清兵则直趋吴襄大营东，“发大炮、火箭攻之。时黑云起，风从西来，襄军乘势纵火将逼我（清）阵。忽大雨反风，襄营毁，先走”。实际上，在这次战役中双方都动用了火炮和火箭，但战局的发展使明军失利。1634 年，守卫鹿岛的明副将尚可喜率部降清，其随军火器尽为清兵所有。

清代开国后的第二个皇帝玄烨（1654—1722 年）即康熙帝，也特别重视火器。在他铲平“三藩”割据、统一中国和抗击沙俄侵略的过程中，他所统率的骑兵和军中火器也助力不小。康熙中期以后，战事较少，旧史称为“盛世”，火箭技术被用作娱乐表演。根据当时在华的法国传教士张诚的记载，康熙二十九年（1690 年），上召张诚等至畅春园，还观赏了火箭表演。张诚写道：“晚上我们去观看焰火。焰火架设在皇后寝宫的对面。皇上带领各位皇子亲临观赏……焰火没有特殊之处，可观的只有火炮连环点燃的一串灯盏，腾空而起，光

焰耀目，犹如许多流星。这是樟脑制成的……第一支火箭在皇上到场之前发射，他们说这支火箭是他（皇上）亲自点燃的。这支火箭像射离弓弦的急箭一样，射中并且点燃三四十步以外的另一架焰火。这架焰火又飞蹿出第二支火箭，触发第三架焰火，射出第三支火箭。几架焰火犹如机器，连环发射。”这里提到的靠火箭连环发射的焰火虽非军用，但反映出清代火箭技术的进步。

康熙、乾隆在位的二百年间，由于战事较少，史书关于使用军事火箭的记载亦不多。但魏源的《征缅甸记》记载说，乾隆二十年（1755 年）缅军一度进入车里地区，朝廷谕大学士杨应琚率军以连环炮和缅军的象驼炮交战。1757 年，经略傅恒领满、汉精锐数万，“京城之神机火器、河南之火箭、四川之九节铜炮、湖南之铁鹿子……皆刻期云集”，在大金沙江展开一次激战。在这次战役中，清军使用了火炮、火枪和火箭等武器。乾隆年以后，继续制造火箭，贮于内库以备应用。像明代一样，清代也在京师设火器营，进行操练，后期更设火箭营。

道光年以后，西方资本主义国家入侵中国。1840—1842 年，英国统治集团发动侵华的鸦片战争。英军以大炮和康格里夫型火箭袭击中国军民。中国军民为保家卫国，也以自已造的火炮和火箭还击。据《平海心筹》记载，1841 年林福祥奉命督带水勇在广东抵抗英军，获三元里大捷。林福祥写道：“他用大船，我用小船。他一艘大船，我用一百只小船，如蜂如蚁，四面八方。我船上概不用炮，只用喷筒、火箭，一切补火器具，飞掉而进，使他应接不暇。”以及：“小船四出，施放喷筒、火箭，抄后旁击为奇兵。”这就是林福祥胜敌的战术，要点是以许多小股队伍持喷火筒、火箭等轻型火器从四面八方袭击敌之大船。

据乾隆年间袁宫桂的《洴澼百金方》记载，清代火箭有从前代流传下来的单飞火箭九龙箭、一窝蜂和飞枪箭、飞刀箭、飞剑箭等。袁宫桂写道：“火器约数百余种。然与其传博而圈效，不如少而致精。与其行吾所疑，不如行吾所明。故集中止取以上数种，足以备用而已。”清代其他火攻书所列火箭种类，都不及明人茅元仪的《武备志》，可见清代火箭是向少而精的方向发展的。

像明代一样，清代的火笼箭、九笼箭或一窝蜂，属于集束火箭。先用竹篾编成长四尺（132 厘米）的竹笼，“口大尾小，纸糊油刷，以防风雨。内编横顺阁箭，竹口三节，旁留小眼，穿药线总内起火箭上。每筒装十七八支，或二十支”，点燃总药线后，筒内火箭齐发。一般用小火箭作集束火箭。

三、火箭类型的发展

火箭，其发展成就不可低估，可分单级和多级火箭两种类型。单级火箭又可分单发火箭、多发齐射火箭、多火药筒并联火箭、有翼火箭等。所谓单发火箭即一次发射一支箭，有流星箭、飞刀箭等。多发齐射火箭即一次发射几支、十几支乃至上百支箭，有五虎出穴箭、一窝蜂、百虎齐奔箭等。多火药筒并联火箭，就是装有两个或两个以上同时工作的火药筒的火箭，有二虎追羊箭、小一窝蜂等。有翼火箭就是火箭加翼，有飞空击贼震天雷炮、神火飞鸦箭等。多级火箭就是将两个或两个以上的火箭串联起来发射，如火龙出水、飞空砂筒等。同时，火箭的发射装置也有了很大发展，有架（发射架）、格（发射格）、筒（发射筒）和槽形发射器等数种。

（一）单飞火箭

这类火箭发明比较早，自宋元火箭出现之后就一直延续，分为飞刀箭、飞枪箭、飞剑箭、燕尾箭等。《武备志》云："此即火箭之类，特以杆大身长、用链不同，异其名耳。"火药筒长八寸，径粗一寸二分；杆长六尺，径粗五六分。翎长七寸，箭头涂以虎药。这类大火箭射程为五百步，水陆兼用。实际上，这正是1232年使用的"飞火枪"的遗制。另有一种小型的火箭，把火药筒绑在普通箭杆上，火药筒长五寸，杆长四尺二寸，铁链长四寸五分，上涂虎药。杆尾端铁坠长四分。这类小火箭射程为四百步左右。小型普通单飞火箭重量轻，

携带方便，使用时机动灵活，为水陆攻守利器。《纪效新书》写道：如用于水战，则将火箭高射至敌船桅帆，则不可救。发射时，可将火箭放入竹桶中或有枝杈的架子上，点燃药线后迅即飞出。为提高发射命中率，除在制造时严守操作规范外，射手要掌握好方向和发射角度，而这必须靠平日操练。

飞刀箭、飞枪箭、飞剑箭、燕尾箭铁链分别为刀形、枪形、剑形或燕尾形，长三寸，上蘸毒药；药筒后有铁坠，径粗一寸二分；箭杆用荆棍或实竹竿。发射时，射程可达五百余步，水陆战皆宜。

大筒火箭以粗六七分、长五尺的荆木做柄，末端做成三棱形箭。前端箭头用纸筒，内装火药形状似火箭，头长七寸、粗二寸。金属锋长五寸、阔一尺，其形状似剑或刀等。全箭总重约二斤多，点火发射，射程可达三百步。

后火药筒实际上是用火箭发射的燃烧弹，即送药筒后部装有燃烧体，其形制是："送药筒长五寸，外另卷纸，比送药筒加长一寸五分，送药筒打满而止，留此一寸五分，少加发药一匙，即将此纸置药上，药线分开四路，直透筒口，即用黄土一分隔之，方入后火药，以木杵稍实之，入满到口，以四药线头俱欺伏，药口用线纸二三层封固。"作战时，点燃送药筒药线，火箭射至目标，焚燃敌人篷帆或营寨。

流星炮箭杆以小指粗的实竹做成，长四尺五寸，翎花长四寸五分，箭镞倒须有槽，上涂毒药，长二寸五分，脚长二寸；药筒长五寸，筒内装火药，后安放纸炮一个，长一寸八分，大小如药筒。发射后，箭可伤人，纸炮爆炸惊骇敌人。

（二）集束火箭

早期火箭多是由许多士兵各持单支火箭发射。从元代起，开始将许多支火箭用总药线串联起来集束发射，到明代又有很大进步。使用集束火箭时，一名射手即可抵上以前许多射手所能造成的密集火力。

神机箭以矾纸做成筒，内装火药等物，再以油纸封好。筒后钻小孔，装入药线，绑缚于

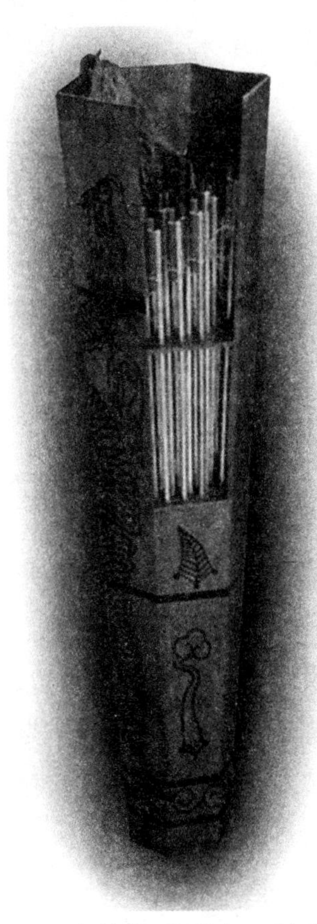

竹箭杆上。铁矢链如燕尾状，竹箭杆末端装翎毛，一个大竹筒内装两只或三只。临敌点燃，射程可达百步，适宜于水陆战。

火弩流星箭，竹筒长二尺五寸，柄长二尺，筒内装火箭十支。作战时，点燃药信，众矢齐发，威力极大。

小竹筒箭竹筒内装短火箭十支，每支火箭药筒长一寸五分，箭长九寸，翎后有铁坠，总重约二斤。作战时，点燃药线，短箭齐发，射程可达二百余步。

火笼箭以竹篾编成筒，长四尺，口大尾小，然后以纸糊好并刷上油，再留一小孔用于穿药线，药线与火箭引信相连。每筒内装火箭十七八支或二十支，钢箭头涂毒药，主要用来焚烧敌人粮草、城楼、船只等物。

双飞火笼箭，做竹篾筐一个，长四尺二寸，围五尺，糊上厚纸并刷上油。火箭杆长四尺，链长一寸五分，翎上钉四寸长铁坠。笼内两头安装井字形架，火箭药线露出，总合成一条盘柱。作战时，一齐点火发射，威力很大。

五虎出穴箭，毛竹筒口用铁条分成井字形，内装火箭五支，每支火箭药筒长三寸，箭长二尺五寸，矢涂射虎毒药，翎后有铁坠。发射时，点燃引信，五支箭齐发，射程五百步。稍加变更尺寸，则成小五虎箭。

七筒箭，竹七根，长四尺，径粗八分，打通节，内外光净。火箭杆长四尺五寸，翎长四寸，药筒长四寸五分，径粗一寸二分，以黄土封后。箭链长二寸三分，四棱有槽，涂毒药。火箭装竹筒内，七筒捆为一处，引信总为一处。发射时，射程可达二百步。

四十九矢飞廉箭以篾编成圆形竹笼，约长四尺，外糊纸帛，内装四十九矢，矢链以薄铁做成，上蘸虎药；药筒以纸卷成，长二寸许。筒内前装烂火药、神火药，后装催火发药，绑缚于矢杆上。顺风向敌人发射，威力极大。

百虎齐奔箭匣内装百矢。一发百矢，射程可达三百步，每矢箭杆长一尺六寸，药筒长三寸，翎后有铁坠，矢镞涂虎药。顺风向敌人发射，威力极大。

群豹横奔箭匣内装神机箭四十支，每矢箭杆长二尺三寸，药筒长五寸，翎后加铁坠。匣内的架箭上格板眼孔稀疏，下格板眼孔紧密。因此，发射时四十矢俱发，横布数十丈，远达四百余步，故名群豹横奔箭。

长蛇破敌箭，木匣内装火箭三十支，每支杆长二尺九寸，药筒长四寸，铁镞涂虎药，每匣总重约五六斤。距敌二百步点发，威势毒烈，杀伤力极大。

群鹰逐兔箭，匣内两头各装火箭三十支，每支箭长一尺四寸，药筒长三寸，翎后有铁坠，铁镞涂射虎毒药，距敌百步外点火齐发，放尽一头，忽又以一头继之，杀伤力极大。

一窝蜂，木桶装神机箭三十二支，每支长四尺二寸，药筒长四寸，镞涂射虎毒药。这种“一窝蜂”对南北水陆战均适宜。作战时，将总线点燃，众矢齐发，势若雷霆，射程可达二百步外。据《明太宗实录》记载，建文二年（1400年），燕王朱棣与建文帝战于白沟河，曾使用过此种火箭。

虎头火牌，内安装火箭十支或二十支，每支火箭药筒长四寸，箭杆长二尺九寸。作战时，点燃药线，火箭齐发，水陆战皆宜。

二虎追羊箭箭杆长五尺，前端一股三链，涂毒药；尾翎绑缚行火药二筒，链后绑缚劣火药一筒；每只筒长四寸五分，径粗七分。发射时，先点燃行火药二筒。箭起飞后，劣火药又被点发。因此，箭镞既能伤人，劣火药筒点燃后又能焚烧敌营寨、房舍、船只等，射程达五百步。

小一窝蜂，枪长一丈二尺，纸筒每个长一尺三寸，厚四分，以生牛革包裹好，内装预先配制好的火药、生铁子、生铁棱角、火弹子等物。将两个纸筒绑缚于枪杆上，同时点燃两个纸筒的引信，火发三四丈，威力极大。

（三）火箭子弹

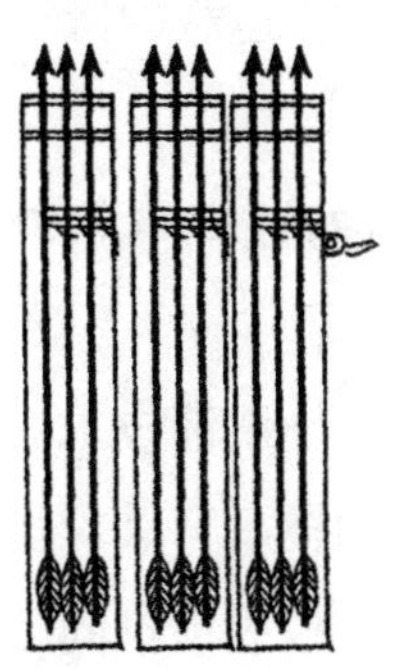

利用喷射火箭原理将炸弹投向敌方，早在南宋已用于实战，并收到成效。在明代，这种火箭武器得到进一步改善，常见的有神火飞鸦、飞空击贼震天雷炮和四十九矢飞廉箭等。

神火飞鸦以细竹篾或细芦和绵纸等物制成一斤余重的鸦

身。鸦身内装满明火炸药等物，前后装头尾，旁安两翅，如鸦飞行状。身下斜钉四支起火（火箭），以四根长尺许的药线穿入腹内炸药，药线并与玉起火相连，“扭总一处，临用先燃起火，飞远百余丈，将坠地，方着鸦身，火光遍野”，焚烧敌人营寨和船只。

飞空击贼震天雷炮为球状物，径三寸五分，也以竹条编成，内装纸制火药筒，筒长三寸，装以发射药，筒上部再装发药神烟，用药线接于筒内发射药。外以纸糊之，两旁安上辖风翅两扇，同时在腹内再放入涂有虎药的菱角数枚。“如攻城，顺风点信，直飞入城。待送药尽燃，至发药碎爆，烟飞雾障，迷目钻孔……风大去之则远，风小去之则近。破阵攻城甚妙”。这种武器的特点是先靠发射药借喷射原理将其送入空中，待发射药燃尽，又接着引燃装置内部的发药(即含发烟剂的炸药)。于是在爆炸声中烟雾四起，可以纵火、发烟、爆破，而其中有刺涂毒的菱角又具杀伤力，一物数用。这种武器实际上是用火箭运载的烟雾炸弹。

四十九矢飞廉箭是用竹条编为笼，长约四尺，外糊以纸帛，内放四十九支火箭。火药筒长二寸，箭链亦涂虎药。火药筒上部装砒霜、巴豆等毒剂，下装发射药。各枚火箭以一总药线相连。顺风放去，势如飞蝗。“中则腐烂，挂篷则焚烧。贼心惊怖，且焚且溺，破之必矣。”这种火器的特点是同时发出四十九支火箭，发射药燃尽后，又引燃烂火药（含有毒剂的火药)。实际上它是由集束火箭运载的毒气弹，具有纵火、放毒、杀伤等功能。

（四）多级火箭

火箭技术的最大成就，是研制成了多级火箭，这是火箭史上一项意义重大的技术突破。当前人用火箭装置将炸弹推向空中时，联想到用火箭装置再将另一枚火箭推向空中，从而使其继续飞行到更远的地方，这就成了多级火箭中的

二级火箭。《武备志》载有两种二级火箭，一为火龙出水，二为飞空砂筒。

火龙出水将五尺长的毛竹去节削薄为龙身，前装木雕龙头，后装木雕龙尾。龙腹内安装神机火箭数支，药线总合一处。龙头两侧各装重一斤半的火药筒一个，龙尾两侧也同样各装火药筒一个，四筒的火药线总合一处。水战时，离水面三四尺，同时点燃头尾两侧的火箭，推动龙身飞行二三里远，如“火龙出于水面”。头尾火箭燃烧将尽时，龙腹内的火箭被药线引燃，从龙口冲出，继续飞向目标，使敌方“人船俱焚”。火龙出水也同样适宜于陆战。

飞空砂筒首先以薄竹片一条做身，将两个起火交口颠倒绑在竹片前端，前起火筒向后，后起火筒向前。起火筒连竹片长七尺，粗一寸五分。然后以爆竹一个，长七寸，径粗七分，安放于前起火筒上，并装火药，再以三五层夹纸作圈，将爆竹和起火筒粘为一处。爆竹外圈装入加工过的细砂，并封糊严密，爆竹顶上再安倒须枪。“放时，先点前起火，用大毛竹作溜子，照敌放去，刺彼篷上，彼必齐救，信至爆烈，砂落伤目无救。向后起火发动，退回本营，敌人莫识”。简而言之，飞空砂筒由两个内盛发射药的起火构成，二者喷火口的位置正好相反。起火甲喷火口向下，借药线与一爆仗相连，爆仗内含炸药和细砂。再将爆仗与起火乙用药线连起，起火乙的喷火口向上，与起火甲喷火口方向相反。将上述两个起火与爆仗绑在一起，构成整个装置。通过毛竹制成的“溜子气发射筒”点燃起火甲的药线，装置迅即飞向敌方，火信又引燃爆仗，在爆炸声中喷出砂子，迷敌眼目。爆仗爆炸后，又引燃起火乙，起火乙靠喷射推力又从敌方飞回到发射者一方，使敌人莫测。这可称为二级往复火箭，往返距离为单程火箭射程的两倍。可见古代人已有了发射火箭后再使其回收的思想。从原理上讲属于二级火箭，它的特点是第二级火箭与第一级火箭运行的方向相反，作逆行运动。

四、中国火箭的世界之路

一般来说，当一种先进技术在某个国家发明并推广后，总是不可避免地流传到周围还没有掌握这种技术的国家，然后再逐步扩展，从而构成人类的共同财富。这种技术转移过程，在人类文明史中起着重要的作用。国与国之间、地区与地区之间总是要进行经济和技术文化交流的，当某个国家的先进技术产品流传到其他国家后，常常促使其产生极大兴趣，于是便带来了这种技术的引进。

（一）火箭在阿拉伯的传播

1. 中国和阿拉伯国家的交往

宋、金、元时期是中国火箭技术史中的早期发展阶段。那时，尤其是在蒙元时期，中国西部与阿拉伯相邻，双方有频繁的陆路与海路上的交往。火药和火箭技术就是在这时传入阿拉伯的。阿拉伯在地理位置上正好处于中国与欧洲之间，因此它能在中欧技术交流中起媒介作用。事实上也正是如此，中国火药和火箭西传的第一站就是阿拉伯，再通过阿拉伯传到欧洲。

阿拉伯人原居住在阿拉伯半岛，多是游牧民族的一些部落。六七世纪之际，那里的经济发展使社会处于变革时期。阿拉伯国家在西亚、北非广大地区扩张领土，几十年内便建成横跨欧、亚、非三洲的庞大帝国。阿拉伯文化以其繁荣的经济和科学技术为基础，逐渐发展成为中世纪一种发达的封建文化，对世界文化发展做出了自己的贡献。

中国和阿拉伯交往由来已久。公元前 2 世纪，西汉探险家张骞奉命出使西域，从首都长安（今西安）出发经陆路西行，到达中亚各国，打开了中西交通和贸易的通道，这就是历史上著名的“丝绸之路”。公元前 126 年，张骞回到长安，汇报了他中亚之行的有关见闻。《史记》一百二十三卷《大宛列传》称，

在安息（即波斯，今伊朗）以西的条支国（或大益国），可能就是后来所说的大食。这是西域人最早对阿拉伯的称呼。

中阿两国东西相邻，同属当时世界上最强大的国家，有频繁的政治、经济和文化交流。《旧唐书》一百九十八卷《西域传》称：大食国在波斯之西，有摩诃末者，勇健多智，众立之为王。东西征伐，开地三千里。“永徽二年（651年）始遣使朝贡。其姓大食氏，名瞰密莫末腻。自云有国已三十四年，历三主矣”，这是阿拉伯哈里发第一次派遣唐使的正式记录。651年正值唐高宗李治在位第二年和鄂斯曼在位第七年，人们通常把这一年当做中国和阿拉伯建立正式关系的年份。

当时中国与阿拉伯之间的交通是沿着陆路及海路两个通道进行的。陆路即丝绸之路，从阿拉伯境内出发，经中亚东行到达唐代的陇右道（今新疆），再穿过沙漠至河西走廊（今甘肃）；向东南行，可直抵长安。主要交通工具是骡马和骆驼。海路则乘海舶从红海或波斯湾起程，经阿拉伯海绕道印度南端，取道马六甲海峡，再转向北到达广州或泉州等港。这两条路线行程均数万里，中途要克服自然环境造成的各种困难，有时要遇到人为的障碍（如盗匪），但古代中国人和阿拉伯人冲破这些艰难险阻，坚持相互交流和往来，这是值得称道的。

由于海路贸易的发展，唐政府设互市监掌管对外贸易，并在广州、泉州、扬州等港设市舶司。不少阿拉伯人在中国居住，唐都长安的“西市”，集中住四千户“蕃客”，他们来自阿拉伯各地，在这里开店营业，与汉人通婚。沿海城市也是如此，他们聚居之处叫“蕃坊”。在阿拉伯首都巴格达，也有中国人聚居的地区，即唐人街。双方侨居者都通晓侨居国语言文字，这就为文化交流提供了方便条件。

宋、元以来，中国和阿拉伯继续保持着频繁的交往，但由于西夏和西辽的存在，陆上通道一度受阻，所以在宋代与阿拉伯的交通主要通过海路，双方都有船队往来于大洋之中。据朱彧《萍洲可谈》云，“海舶大者数百人，小者百余人”，随着频繁的大规模贸易的开展，总是伴随着科学文化的交流。宋、元时期，阿拉伯境内有两个并立的政权，一是阿拔斯王朝，

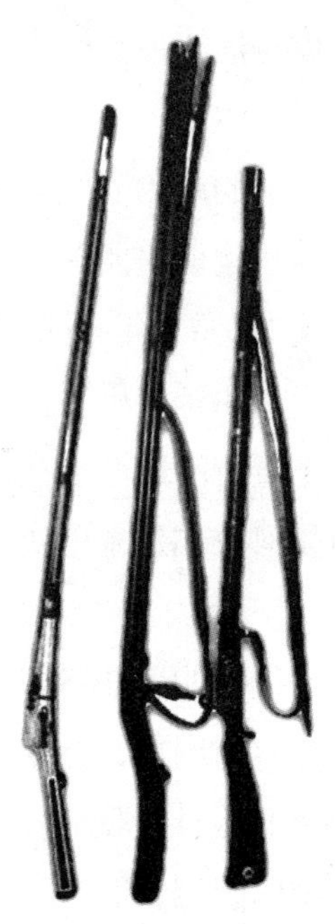

都于巴格达，中国史称黑衣大食。另一为倭马亚王朝，都于西班牙境内的哥尔多华，史称白衣大食。据《宋史》四百九十卷《大食传》所载，在966—1131年的165年间，阿拔斯王朝哈里发向中国遣使达26次。《宋会要辑稿》第一百九十七册《蕃夷之四》还记载1131年以后的几次大食遣使：1134年来广州，1136年及1168年来泉州。这些遣使都是通过海路来的。每次都带来各种方物，并得到中国政府“回赐”。中国境内西北部的辽政权也同大食有陆上交通。据《辽史》所载，924年、1020年、1021年、1022年，都有大食使者通辽，其中1022年及1021年都是在同一年内两次通使。民间商船往来，不见于史载者自然更多。

蒙古灭亡西夏、西辽及花剌子模之后，元代时的中、阿交通大开，陆上及海上通道都畅行无阻，但更偏重于陆路。1251年元宪宗蒙哥即位后，派其弟旭烈兀率大军第三次西征。一度中断的陆上丝绸之路，是借蒙古贵族指挥下的武装力量强行打通的。1252年旭烈兀又征讨西域素丹诸国。1253年，旭烈兀与兀良哈台等率兵征讨西域哈里发、八哈塔（巴格达）诸国。1258年元将郭侃等攻占八哈塔，阿拔斯王朝至此灭亡。蒙古军继续前进，攻占美索不达米亚，1259年进入叙利亚，逼近埃及，因蒙哥汗逝世，遂班师。1260年忽必烈即汗位，旭烈兀受封，在他所征服的地区建立伊儿汗国，东起阿姆河，西濒地中海，北达高加索，南至印度洋。

蒙古西征的结果，客观上开辟了中西交通之路，促进了中西文化交流。从这时起，中国和阿拉伯、欧洲诸国有了更多的接触。在伊儿汗国统辖下，陆上丝绸之路沿途设驿站由马递传邮，信息的传递也很快。在西征过程中，大批中国工匠、医生、学者和操纵火器的士兵也到达西方。

2. 火箭进入阿拉伯

火箭技术在南宋发明以后首先在中国境内各地推广，成为军队和远洋商船的必备武器。利用火箭原理制成的烟火，则成为各地节日期间或集会、仪式常用的娱乐助兴的用品。随着中国对外交通贸易和科学交流的开展，火药和火箭技术也随着有关实物的流出而外传。火药和火箭技术首先由中国境内向西传播，而西传的第一站就是阿拉伯。

在阿拉伯帝国倭马亚王朝和阿拔斯王朝中期以前，那里还没有火药。阿拉伯军队早期军事装置除弓弩刀矛等常规武器外，常用的重型武器是抛石机，利用机械力将石块投向敌方。阿拉伯抛石机来自波斯，波斯又来自古希腊。在火攻中，阿拉伯人用抛石机将纵火球抛出，火球内含沥青。据帕廷顿考证，阿拉伯人第一次用纵火箭是712年入侵印度时投射的。阿拉伯人在十字军东征期间再次使用纵火器。在1097年及1147年的征战中，曾使用由沥青、蜡、油脂和硫的混合物构成的纵火剂。

在同拜占庭的战争中，阿拉伯人掌握了希腊火药的技术秘密，但他们掌握火药的制造技术却是在较晚时期，主要因为他们不知道硝石及其在军事上的应用。阿拔斯王朝后期几个哈里发在位时，阿拉伯才有了关于火药的记载。这显然是直接从中国传入的。火箭是尾随火药的西传而引入阿拉伯的。阿拔斯王朝被蒙古军灭亡后，阿拉伯大部分地区归蒙古贵族旭烈兀建立的伊儿汗国所统辖，这就有了火药和火箭技术从中国直接传入阿拉伯的社会条件。从这时起，阿拉伯人才真正认识并掌握了制造火药、火箭的技术。

火药、火箭传入阿拉伯与造纸术的西传有某些类似的经历，所不同的是，造纸术是751年唐代军队与阿拔斯王朝军队在中亚的但罗斯交锋时，由被俘的中国士兵传到阿拉伯的，而火箭术则是由开赴伊儿汗国的中国士兵、工匠直接传授到那里的。从历史进程来看，火箭术的西传和造纸术一样，总是实物传播在先，技术传播在后。不同的是，火药、火箭的西传进程可能分几个阶段，经由陆路和海路两个途径。首先是海路，通过来往于中国和阿拉伯之间的贸易商贩、旅行家、工匠和学者的技术情报沟通。南宋以来中国和阿拉伯海上交通相当频繁，中国各地居住或往来的阿拉伯人很多，他们看到过节日的烟火，听到过火药的爆炸声，接触过火药制成品，甚至目睹过火箭的发射，从而把这些见闻传到阿拉伯。

南宋通往大食国的中国海舶都备有自卫武器，船上有弓箭手、盾手和发射火箭的射手多人。《元典章》云，船上武器在贸易结束后须呈请官库保管，下次开航时再予发放。巴图塔生于北非摩洛哥的丹吉尔，曾在

亚、非、欧三洲旅行。其游记所述中国商船载有火箭等火器以自卫，当为南宋以来的定制。阿拉伯人从南宋以来通过海上贸易渠道从中国得知火药及火箭的知识，是很有可能的。

蒙古军沿陆路西征时，直接在阿拉伯境内战场上使用火箭、火炮。据波斯史学家拉施德丁记载，1258 年蒙古军在郭侃率领下攻占阿拔斯王朝首都八哈达时使用了火箭，即将火药筒绑在枪头上的武器。从 1234 年蒙古灭金后，开封府等地库存火箭、火炮及守军中的火箭手、工匠等，尽为蒙古军所有，并立即编入蒙古军之中。后来历次西征时，这些火箭手也随大军西进，并在阿拉伯地区驻扎。因而元初时通过陆路将火药和火箭知识由中国直接传入阿拉伯，也是很有可能的。

（二）火箭在欧洲的传播

1. 火箭传入欧洲的媒介

中国火药和火箭技术是在蒙元时期通过阿拉伯传入欧洲各国的。中欧交通由来已久，汉代史学家班固在《汉书》九十六卷《西域传上》提到黎轩的魔术家曾“随汉使者来观汉地”。据专家考证，“犛轩”或“黎轩”泛指罗马帝国的殖民地。范晔在《后汉书》一百一十八卷《西域传》中提到东汉都护班超出使西域时到过条支，再派甘英西行使大秦，因遇地中海海风而阻，大秦就是罗马。《旧唐书》一百九十八卷和《新唐书》二百二十一卷都载有拂菻国，谓乃古之大秦。可见，在那样早的年代里，中国货物已通过波斯运往罗马帝国。

中、欧同是世界上东西两个文明中心，但相距遥远。中、欧在陆路上并不接壤，中间有波斯和阿拉伯相隔。在海路上，古代双方的船队也难以直接到达对方港口，因为中间隔着地中海、阿拉伯半岛和北非，因而古代中、欧间的直接交往有地理上的障碍。中国人到欧洲或欧洲人来华，无论陆上或海上，总要经过中间地带的一些国家，因此要克服各种障碍。然而，双方还是有时断时续的相互往来。在这方面，阿拉伯起了重要的中介作用。火药和火箭技术像其他

技术和技术产物一样，就是经过阿拉伯从中国传到欧洲去的。

十二、十三世纪时，中国北部蒙古部落中出现了一位杰出人物铁木真，即成吉思汗。他很快统一了蒙古诸部，1206 年建立蒙古汗国。蒙古势力的崛起及其对外的军事扩张，扫清了从中国经中亚通向欧洲的陆上通道。1218 年蒙古灭西辽后，1219 年成吉思汗带领术赤、察合台、窝阔台和拖雷四子发大军分四路西征。借口中亚的花剌子模杀害了蒙古队商和使节，进攻花剌子模。第一路军为先导，由察合台、窝阔台率领，攻下锡尔河右岸的兀答剌儿。第二路为左手军，由塔将指挥。第三路为右手军，由术赤领兵，分别攻占锡尔河沿岸各城。三军会合后，再合攻阿姆河西岸，占领花剌子模旧都玉龙杰赤。

蒙古在西征的同时，也在酝酿灭金的准备。成吉思汗死后，其三子窝阔台于 1229 年即汗位。1234 年灭金，金都南京（开封）等地的工匠和火箭、火炮等火器尽为蒙古所有，有的火箭手还编入蒙古军中。后来，在 1235—1244 年蒙古贵族发动了第二次西征，由成吉思汗的四个孙子率领。1237 年，蒙哥（拖雷子）首先将军队开入钦察，大将速不台领兵北征，占领伏尔加河一带，入侵俄罗斯西北，攻陷莫斯科。1238 年春，拔都（术赤子）军队至诺夫哥洛德，更取基辅。一另路蒙古军由海都（窝阔台之孙）和拜答儿（察合台之子）领兵攻孛列儿（波兰）和马札儿。海都攻入波兰、德意志（元史称捏迷斯），又远至波希米亚（捷克斯洛伐克）。

1241 年，蒙古军在波兰境内的莱格尼查战败波、德联军。在这次战役中，据西史记载，蒙古军首次在欧洲境内使用了火箭。蒙古军攻下莱格尼查后，转向匈牙利。拔都攻下匈牙利帛思忒（今布达佩斯）。会师后，拔都又率军渡多瑙河，再分兵赴奥地利和意大利，同时掠及塞尔维亚和保加利亚。时值大汗窝阔台讣闻至，乃班师东归。

蒙古贵族西征的结果，给所到之处的各国带来灾难，但在客观上也开辟了中西交通之路，促进了中西文化交流。从此，中、欧之间有了直接交往，双方使者、商贩、学者、工匠、游客相互访问。

2. 火箭传入欧洲

13 世纪前半期，蒙古军在欧洲战场上已使用

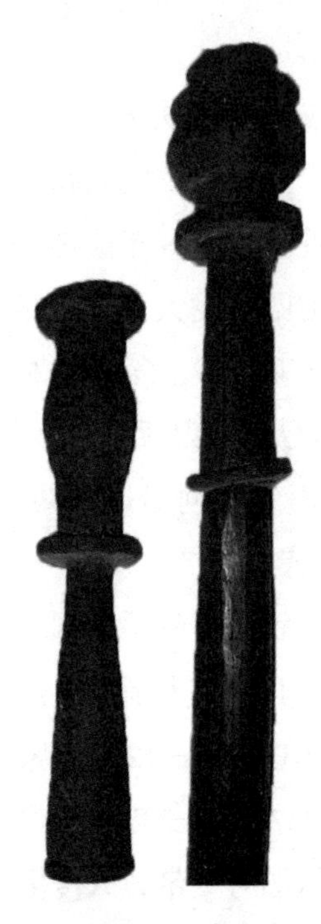

火箭。欧洲人对这种“火龙”印象极深，极力想掌握。当蒙古贵族建立钦察汗国和伊儿汗国后，欧洲人就有更多机会同掌握这种火药和火器的人打交道。后来在历次十字军战争中，欧洲人又从阿拉伯人那里领教了火器威力，这也为他们获得这种技术提供了另一来源。13 世纪中叶以后，阿拉伯人关于火药和火箭的著作已译成拉丁文，很快被欧洲有学问的人注意。在法国讲学的英国人培根和在德国教书的阿贝特，作为欧洲人最先接受并初步了解了这方面的知识。阿贝特所说的“飞火”，就是中国南宋时的“起火”，即按火箭原理制成的娱乐品或金人的火箭武器“飞火”。而宋人的霹雳炮也是火箭武器，就是阿贝特所说的“响雷”（培根笔下的“儿童玩具”），无疑是宋代的纸炮。可见，蒙古军在欧洲战场上使用火箭武器后的三十年左右时间内，欧洲思想敏锐的学者已将火药和火箭有关知识作为“新奇事物”或“最新发明”而载入其著作之中。可以说 13 世纪中叶以后是中国火药和火箭技术传入欧洲的最早时期，在时间上略迟于阿拉伯，但传递速度相当快，这是因为欧洲有尽快掌握火器的紧迫感，否则他们就处于被动挨打的境地。先进武器只要用之于战场，就会引起对方的注意。而任何一个国家总不能长期垄断武器的秘密，迟早会被别的国家效仿。古代的火箭如此，其他火器也是如此。当欧洲人掌握了火药和火箭技术的初步知识后，便开始从事许多实验研制工作，结果在欧洲一些国家先后出现一批利用当地火药为发射剂的早期火箭。

马可·波罗的故乡意大利，13 世纪时，其北面和东面隔地中海与北非的马木留克和蒙古的伊儿汗国相望。当时意大利南的地中海是东西方交通和贸易的场所，也是物质文化交流和人员往来的枢纽。因此，欧洲人最早应用火箭的记载出现在意大利文献中就毫不奇怪了。欧洲语中“火箭”一词也是首先以意大利语形式出现的。根据 18 世纪意大利史学家穆拉托里对古意大利文手稿记载的研究，1379—1380 年，两个自由城市的热那亚人和威尼斯人之间，为争夺海上贸易，在基奥贾岛上的要塞附近发生一场激烈的争夺战，在这次战役中发射了火箭。

与火箭有关的欧洲烟火制造技术，也是在意大利最先出现的。佛罗伦萨人和锡纳亚人都精于此道。意大利许多地方都定期表演大型烟火。从中世纪起直到 17 世纪末，意大利一直在欧洲烟火制造中占据优势。在方丹纳的《兵器录》中，提到了阿拉伯、波斯和马木留克人的武器以及火箭在水战中的应用。还介绍了“人造鸟”内装纵火剂，张开两翼飞向敌方，颇有点像茅元仪《武备志》等中国兵书中所述的“神火飞鸦”。方丹纳还谈到喷射车，借反作用原理将四轮车推向前方。意大利人方丹纳的这部兵书同培根、阿贝特的作品的不同之处在于他讨论的火箭是欧洲造的，而且用于实战；而培根、阿贝特叙述的火药和火药制品都是来自传闻或文献。

西班牙由于一度是阿拉伯哈里发的领地，因而较早地掌握了火药和火箭技术。1262 年，西班牙的卡斯蒂利亚和莱昂国的国王阿方索十世在尼布拉战役中就使用过火药；阿拉伯人于 1324 年在西班牙东北部的韦斯卡战役中使用了火器。据目击者本·胡赛尔说，这种武器在空中像闪电雷鸣；1331 年，在西班牙境内的阿里坎特战役中，摩尔人也使用了火炮；法国人在 1429 年将火箭用于保卫奥尔良的战役。1449 年，又在蓬安德默战役中再次使用火箭。

在中欧一些国家中，德国在 1241 年最先受蒙古军火箭袭击，这使德国人对火箭技术相当注意。他们以大圣阿贝特最早在欧洲明确记载火药和火箭装置而感到骄傲。但德国自己制造火箭似乎没有意大利起步早。德国军事工程专家凯泽尔在《战争防御》书中谈到军用武器纵火箭、烟火、火箭、炸弹、火炮等等。这方面的知识可以说都是来自阿拉伯文写本，因为书中插图上的人物穿着阿拉伯式的衣服，而不是欧洲人的打扮。书中的火药配方是引自阿拉伯人的《焚敌火攻书》，火药成分除硝、硫、炭外，还有砒霜、雄黄和石灰，这与中国火药方是一致的，但阿拉伯人的配方中还有汞。凯泽尔提到的“飞龙”是用绳子绑在火药筒上，“飞龙”药料成分中也含有油质物。而书中的“飞鸟”类似中国的神火飞鸦。

东欧的波兰同中欧的德国一样，也在 1241 年遭遇了蒙古军火箭的袭击。15 世纪

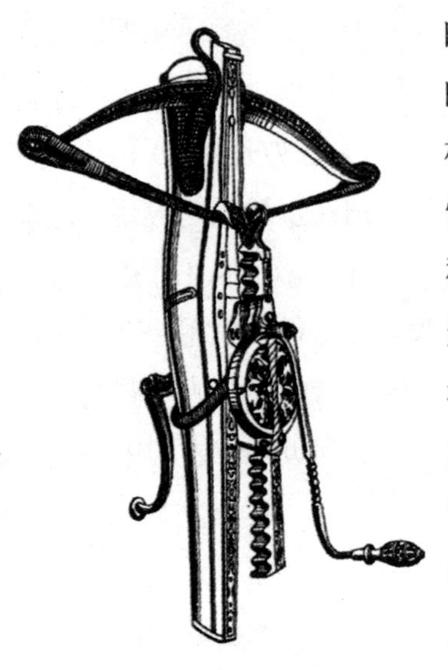

的波兰史学家德鲁果斯，拉丁名约翰·隆基努斯的巨著《波兰史》中描述了1241年波兰境内莱格尼查战役中蒙古军用“火龙”射向波兰骑士的情景。此书出版于1614年，以史料的精确而著称。史学家笔下的火箭武器装饰有龙头，喷出火焰和烟，使波兰军队无法战斗。根据弗罗茨瓦夫城军事建筑师赛比什在1640年完成的描述莱格尼查战役场面的组画，蒙古军使用的是集束火箭，火箭筒下有喷管。这相当于《武备志》中介绍的“长蛇破阵箭”和“神火箭屏”。这类集束火箭的发射箱外面通常画着龙头，可见蒙元时中国这类火箭已用于欧洲战场。

13世纪前半期，蒙古西征时到达欧洲的第一个落脚点就是俄罗斯。据波斯史学家志费尼于1260年写的《世界征服者史》的记载，1237年蒙古军“抵莫斯科城，架炮攻之，破其城谍，围之数日，城中人乃开门降”。因这次攻城使用了火炮，蒙古入侵使俄罗斯遭到破坏，技术发展暂时停顿。后来蒙古在俄罗斯境内建立钦察汗国（又名金帐汗国）后，生产开始恢复，俄罗斯人也有机会掌握火药技术，但是俄国火箭的制造要晚于西欧国家。俄国人喜欢焰火，常在节日时点放。当彼得一世1721年遣使来华时，中国康熙皇帝请沙皇使臣一行在宫内观看由火箭发射的烟火，并将两箱中国火箭交与使节带给沙皇作为礼物。在彼得时代，俄国人才真正重视火箭的制造。1680年，彼得下令在莫斯科成立“火箭营”，由他亲自监督这项工作。当时制造出了0.45公斤重的信号火箭，升空1千米，即所谓“1717年型”的信号火箭，在俄国一直用到19世纪，直到扎萨基克这位技师从事研制工作之后，才制造了最早一批俄国的军用火箭。此后，火箭在俄国得到进一步完善。

由于地理位置的关系，英国人掌握火箭的技术晚于欧洲大陆。尽管英国人罗哲·培根对火药及其应用很早就做了报道，但这是他旅居法国时才得到的科学情报。虽然英国与欧洲大陆有一海之隔，但毕竟与欧洲大陆各国有密切交往。16世纪后半期，由火药制成的烟火在英国盛行起来。1572年，当英国女王伊丽莎白一世巡视沃里克附近的坦普尔场时，沃里克伯爵兼炮兵总监，用烟火、

爆仗欢迎女王的光临。从这以后，英国文献多次提到用火箭庆祝重要事件。

1805年，康格里夫火箭研制成功，但发现纸制火箭筒不适合，遂改用铁筒，并将导杆缩短以求平衡。1806年10月，英法作战时，英军在法国境内的布洛涅用十八艘战船在半小时内发射两百多支内装3磅（1.36公斤）火药的康格里夫火箭，射程达二千三百米以上，使法军惊慌失措。1807年，英军又用这种火箭攻击丹麦首都哥本哈根，发射了四万支火箭和六千枚炸弹，使这座城市遭到严重破坏。康格里夫火箭是从中国传统火箭脱胎出来的一种经改进的新式火箭，是欧洲从14世纪以来开始的火箭发展史的一个总结，也标志着近代火箭发展的开端。英国在发展火箭方面一度在欧洲属于后进，但自从康格里夫火箭用于实战之后，欧洲各国，如法国、丹麦、德国、奥地利和俄国等都加强了对新式火箭的研制，结果使欧洲火箭从此进入了新的发展阶段。

（三）火箭在东亚、南亚、东南亚的传播

中国是亚洲国家，自古以来就和周围各国保持着陆上和海上的交往，火药和火箭技术多是直接从中国传入亚洲各个地区，而无需中间媒介。

1. 火箭对南亚的影响

中国和印度同是古国，从汉代以来两国就不断相互往来，进行着多方面的物质文化交流。到了蒙元时期，蒙古统治势力远达西方，那时中印之间无论在陆上或海上都有密切的交往。在陆上，蒙古的伊儿汗国直接与印度西北部接壤，而海上的交通尤为频繁。中国的火药和火箭技术就是在这个时期传入印度的。

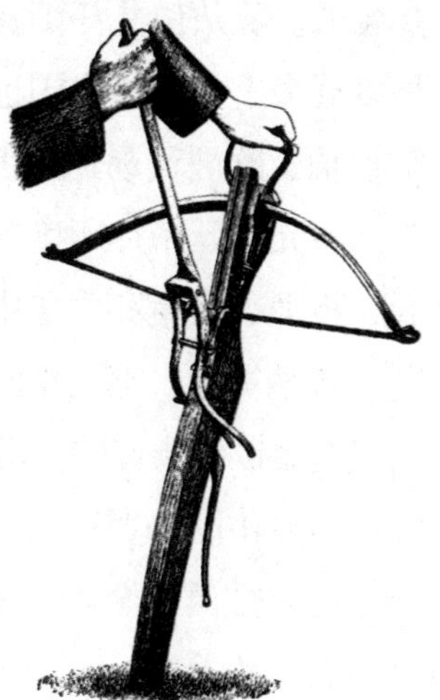

印度人最初接触到火药是在成吉思汗第一次西征之时。1219年，成吉思汗借口中亚国家花剌子模杀害蒙古队商和使节，率大军西征。1220年春，蒙古军攻克花剌子模重镇，又陷该国旧都玉龙杰赤，时花剌子模国王阿剌丁·摩诃末逃至里海小岛，忧闷而死。其子札兰丁嗣位，于今阿富汗境内的哥疾宁与蒙古军激战，被击溃。蒙古军哲别、速不台率部乘胜追击札兰丁残军，直抵印度河。1221年冬，札兰丁无处可退，

乃泅水渡至彼岸，1222 年春在印度西北部聚残部再次抗击。蒙古军渡印度河穷追，进军至今巴基斯坦境内的木尔坦、拉合尔等地和印度北部。札兰丁再西退至德里。蒙古军进军至中印度，因不耐炎热而班师。

蒙古军这次西征的主要目标是花剌子模，灭其国后又追击其新主札兰丁，因而挥军南进，经阿富汗、克什米尔和西巴基斯坦，到达印度北方诸邦，几至德里附近。蒙古军除用常规武器外，还在这次战争中使用了火药武器。蒙古在这次西征中用火箭攻占花剌子模重镇撒马尔罕，郭宝玉率领的火箭营也至印度境内参加追击札兰丁残部的战役。1221—1222 年，速不台、哲别和郭宝玉大军在北印度追击札兰丁时，首次在那里使用火箭等火器，也是当地居民第一次目睹火箭发射和火药的威力。这决定了印度、巴基斯坦境内第一批火药和火箭出现的时间上限。由于蒙古军迅即班师，所以当时还没来得及把这方面的技术传到印度。但到 13 世纪以后，这种可能性出现了。

由于蒙古三次西征的结果，在西部先后建立了察合台、钦察和伊儿三个汗国，在东方又于 1279 年灭了南宋，建立了庞大的蒙古帝国。在巩固内外统治后，大汗决定在帝国势力范围内广泛发展陆海贸易。中印之间的交通也因之更加频繁。除从伊儿汗国在陆上直接和印度交往外，还以泉州、广州等港口为基地发展海上交通。中国远洋船队经常出入印度南部口岸，这些地方也是中国与阿拉伯、欧洲贸易通道的必经之地和转运站。据不完全统计，从 1273 至 1296 年间，元朝廷派往印度的使团至少有十四次。每次都率舰队随带携有火器的卫兵，技师、医生和大量中国物资前往，人数达数百人，着岸地点在马八儿、俱蓝、答纳等地。《元史》二百一十卷《外夷传》云：“海外诸番国，惟马八儿与俱蓝足以纲领诸国，而俱蓝又为马八儿后障。自泉州至其国约十万里。”

当时中国外贸进口货物主要是珠宝、棉布、香料、药材、皮货等，出口货物主要有金属和金属制品、瓷器、丝织物、漆器、茶、药材、日用品、玩具以及硝石、武器等。中国火药和火箭技术在印度，正如在其他国家一样，是通过

人员往来而传递的。13 世纪以后，中印之间人员往来频繁。1221—1222 年蒙古军首次携带火箭等火器进入印度北部和西北部。此后在德里苏丹国的奴隶王朝时期也遭到蒙古军的侵袭。忽必烈时期，中印海上交通发达，双方使者、商人、工匠、技师和游客频频互访。正是在这种情况下，从 13 世纪中期以后，火药和火箭知识通过陆路从中国传到印度西北部、巴基斯坦北部，又通过海路传到印度半岛南部。

像中国一样，印度早期用火药为原料借火箭原理制成的用品也是烟火，供统治者娱乐之用。16 世纪后，印度出现了军用火箭。1565 年在塔利科塔战役中，维查耶纳加尔国的军队点燃火箭攻击对方，但似乎未收到战术效果。在莫卧儿王朝初期的著名皇帝阿克拜尔在位期间，印度军用火箭得到进一步改进并大量生产。1572 年，阿克拜尔率军出征古吉拉特时，使用了火箭。有一支火箭落入荆棘丛中着了火，又发出巨响，使敌人的战象惊慌而导致溃败。

自从 16 世纪初印度出现军用火箭以来，至 17 世纪已扩展到各地，使用军用火箭的有穆尔加人、迈索尔人、马拉萨人、锡克人、维查耶纳伽尔人、那加人、戈尔康达人、斋浦尔人等等。在 18 世纪，印度军用火箭又有了进一步的发展。如果说先前的火箭是用于内部战争，那么这时还用于反抗外国侵略。因为这时英、法相继入侵印度，互相争夺土地。当英军打败法军后，侵占许多印度领土，并进而企图吞并整个印度。在英、法军队入侵的过程中，遭到印度人民的抗击，他们用火箭对付侵略者。1750 年 9 月，法国帕蒂西耶侯爵率领的小股部队在南印度遭到火箭的袭击。1753 年，英国劳伦斯少校的军队也遭遇到印度火箭的袭击。1757 年，西孟加拉的普拉西人也使用火箭与英军作战。

2. 火箭在东亚的传播

我们所说的东亚，主要指朝鲜和日本。朝鲜和中国是只有一江之隔的东亚古国。中朝自古以来就在政治、经济和文化方面有密切的交往，历代持续不断。可以说朝鲜火器是中国火器的直系。在中国失

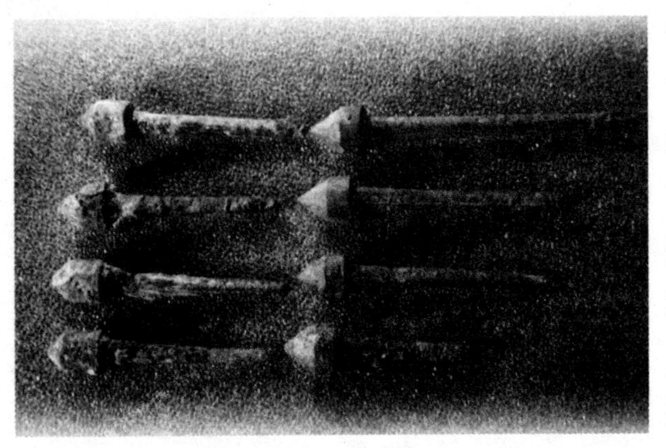

传的火器，有时可在朝鲜传世遗物中看到，如南宋时爆炸武器震天雷，还可在朝鲜古物中见到其遗制和详细构造。10—13世纪，即宋、金和蒙元时期，是中国火药、火器迅速发展和普及的时期，这时正值朝鲜史中的王氏高丽时代。王氏高丽同中国境内的上述三个政权都有往来。后来在14世纪的中国元、明之际，又同明代建立了联系。火药和火箭技术就是在王氏高丽时传入朝鲜的。

王氏高丽的创立，结束了后三国时高句丽、新罗和百济三个政权鼎立的局面，于936年统一了朝鲜半岛全境。时值中国的五代十国时期。这时中国还没有将火药付诸实际应用，朝鲜也不可能有火器。因此契丹三次入侵朝鲜，所用的可能还是常规武器。在王氏高丽后期，蒙古兴起于中国漠北，在同宋、金的战斗中掌握了火炮、火箭、喷火筒和炸弹等火器技术，再借其骑兵的优势，得以西征东伐，扫荡欧亚大陆。

1231—1232年，蒙古攻金都开封府之际，借其使节在高丽境内被杀，遂出动大军压入高丽境内。但遭到当地军民的奋力抵抗。在龟州（今龟城）战役中，蒙古军使用火炮攻城，在镇压了当地农民组成的武装军后，攻占高丽京城（开城），高丽王逃至海岛。蒙古以武力迫使高丽沦为属国。1260年，忽必烈汗派兵护送亲蒙的高丽王子王植从大都（今北京）返国即王位，奉蒙元年号。蒙古贵族又在那里设达鲁花赤以监督其内政。1274年王植死，子即位，纳忽必烈汗之女为妻，进一步依附于蒙元。此后高丽上层贵族纳蒙古宗女为妻，通蒙古语，易蒙古名，着蒙古服饰，较为普遍。1280年，蒙元借征倭之名，在高丽境内设征东行省，直属大汗节制网。高丽士兵学会了掌握火器技术，但火药和火器主要由元政府调拨。

1279年南宋被灭后，大批中国人来到高丽定居，南方沿海各地也不断有商船前往高丽开展贸易活动。数以万卷计的中国图书运往高丽，其中包括兵书。高丽工匠又根据中国发明的活字印刷术原理，铸成金属活字，印成书籍。大批

高丽僧人、留学生、商人和使者也在宋、元时期前来中国，这就形成了双方技术文化交流的有利条件。元朝以后，中、朝在陆上和海上交通畅行无阻。高丽军队也用元政府调拨的火器装备起来。但王氏高丽后期，当恭愍王王濒在位时，倭寇（日本海盗）在沿海频繁滋扰，登陆后进行掠夺，造成境内不安。

高丽王单靠元政府接济军火已不足应付需要，而这时元朝已面临灭亡前夕，自顾不暇。因元末各地农民军揭竿而起，蒙古贵族政权被打得焦头烂额。以朱元璋为代表的农民军1353年起义后，因得火龙枪、火箭等火器，装备愈益精良，一时席卷四方。1368年，朱元璋即位于金陵（南京），国号为明，建元洪武，是为明太祖。同年八月，明军攻克元大都，结束了蒙古贵族的统治。洪武元年，明太祖遣使从海路持玺书至高丽王京都开城。1369年王颛也遣使来明廷表贺，朱元璋遣符玺郎锲斯持诏及金印诰文，封颛为高丽国王。燕京攻克后，中、朝陆上往来又得到继续发展。朝鲜需要明政府给予军事援助，以对抗倭寇入侵。这些要求得到了满足。从1370年起，高丽境内改用明朝年号“明”。明初对火药、火器控制极严，但肯于向王撷政权赠予大量军火。

王氏高丽时，武器生产与调拨归军器监，1377年新设火桶都监后，把火药、火器部分从军器监中划出，由三品官主其事。李朝时，除军器监外，另有司炮局，似乎相当于前朝的火桶都监，由王廷内官主持，后又统归军器寺。《李朝实录》中有关于火药、烟火、火箭、火炮等方面的丰富史料。1433年，世宗李至京城东郊，观放火炮。因前命军器监新作“火炮箭”，一发二箭或四箭，试之，一发能放四箭矣。这种“火炮箭”即明永乐时神机营中掌握的神机火箭。现在看来并非真正火箭，而是将发射药放入药筒中，药力通过“激木”（中国叫“木送子”）的冲力将箭发出。但明代是一发一箭或三箭，此处朝鲜试行一发二箭、四箭，也获得成功。

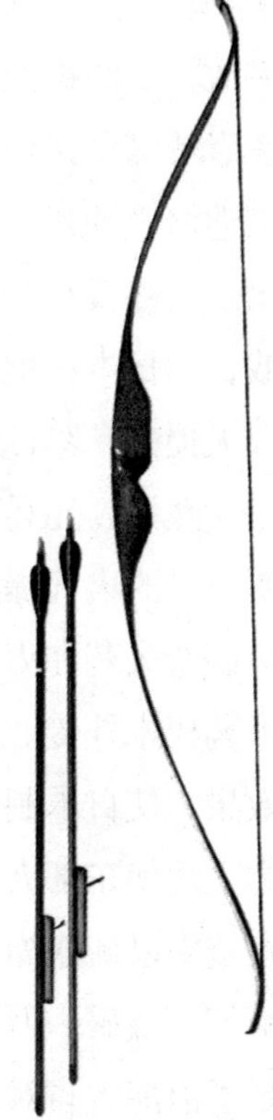

日本是与中国隔海相望的近邻，两国自古就有持续不断的往来。在元代以前，两国间不曾以兵戎相见。元世祖忽必烈即位后，从高丽人那里得知可通往日本，遂几次遣使持国书东渡，均未受到理睬。帝怒，遂决定在1274年灭南宋，同时出兵征日本。当时正值日本史中的镰仓幕府时期。至元十年，忽

必烈命屯戍王氏高丽的凤州经略使忻都和高丽军民总管洪茶丘，率屯戍军、女真军和水军一万五千人乘三百艘战船越海入侵日本。另一路军由蒙古元帅忽敦和高丽都督金方庆率领，由合浦出发攻对马岛，再转攻日本北九州附近的壹岐岛。总共三万余众。在占领上述二岛后，进兵至博多湾。日本方面出动十万人迎战。元军虽人数居于劣势，但赖有火药武器，用火炮和炸弹等打败日军。但因北兵不习水战，加之海上远征劳累，又缺乏后勤支援，兵疲箭尽，复遇海风，不敢冒进，于是仓促撤兵。

至元十八年（1281年），忽必烈汗又以日本杀元使节为由，再派十万南宋新附军，由范文虎率领第二次东征日本。一路由忻都、洪茶丘领蒙古军、高丽军和汉军四万从高丽渡海，另路由范文虎带新附军乘船从中国境内的庆元、定海放帆。两路大军期以于六月会师于壹岐岛。忻都、洪茶丘所领蒙、鲜、汉军在壹岐岛以猛烈炮火击败日军。但后来军中疫病流行，士气低落。两军会合后又遇海上飓风，许多战船被毁，士兵溺死者无数。范文虎等少数人得以逃生，余众或被日军杀害，或沦为奴隶。在欧亚大陆横行无阻的蒙元远征军本不习水战，而日本又地处大洋之中，两次东征均不成功，给中、朝、日三国人民带来很大损失。忽必烈虽有第三次东征日本的计划，终因力不从心，也只好罢兵。

然而，元兵在日本的作战，却使那里的武士阶层受到很大震动，他们被前所未见的火药爆炸力吓得惊慌失措。从这以后，日本武士多方想从朝鲜那里了解制造火药和火器的技术秘密，引起朝鲜当局的警惕，下令沿海各道，严防将火药秘术外传。至今沿海各官煮硝宜禁之。这些命令在一段时期内收到了预期效果，使日本制造火药和火器晚于亚洲一些国家。元代统治者意识到，单靠武力无法使东部大洋中的岛国日本屈服，于是转而允许与之通商。日本对华出口物资中以硫磺为大宗，元明以来日船常满载硫磺在庆元等地卸货。1903年一次就卸下硫磺一万斤。无疑，这些“倭硫磺”成为中国制造火药的主要原料，满足了沿海各省对硫磺的部分需要。明时进口日本硫磺是那样多，以至当时有人

竟误以为“中国本无硫”，这当然是不妥之论。

从 13 世纪以后，九州和濑户内海沿岸的日本武士和地方豪绅，为求得财富，分别来中、朝进行贸易，获得很大利润。但他们有时伺机掠夺沿海居民，因而变成海盗，被称为“倭寇”。他们并不代表本国朝廷，却有时冒充“使者”。中国沿海也有人与之勾结，从事走私活动。在这过程中，倭寇已掌握了火器。16 世纪以后，中国东南沿海成为他们侵袭的对象，引起朝廷的不安。

从 1543 年以后，火药和火器才在日本逐步发展起来。但比起朝鲜、阿拉伯、印度和欧洲来说，已算晚矣。甚至到 16 世纪，日本还没有制造出火箭。日本地处大海之中，与别国没有陆上接壤，靠这有利地形可免蒙元军队大规模入侵，但也因此阻止了火药和火箭技术的交流。

与火箭有关连的烟火技术，在日本也发展得较晚。烟火在日语中叫“花火”，较早的记载是织田信长的日记体著作《信长公记》，其中提到天正九年辛巳一月八日在幕府放爆竹的事。稍后，三浦净心在《北条五代记》中提到天正十三年八月在北条氏与佐竹作战后，于夜间点花火慰问将士。记录德川幕府早期政事的《骏府政事录》中，叙述了庆长十八年八月在御前由唐人表演花火。《宫中秘策》也有同样记载：是岁八月，蛮人善花火者，自长崎至骏府。六日，太公监观花火。

由于日本武士的习惯是使用火枪和火炮，所以他们的军用火箭看来出现得较晚。17 世纪 20 年代，制造出名为“棒火矢”（棒火箭）的武器，从外形和构造来看，很像是火箭。它分为二十目、三十目、五十目和一百目四种，最大射程为二千一百八十米。火箭技术在江户时代的日本，没有得到足够的发展和重视，反而枪炮较为发达。这也许反映出日本火器发展的特征。

3. 火箭在东南亚的传播

中国很早以来就和东南亚各国有陆上或海上交通，互派使节和相互贸易，在这方面有不少历史记载。但当我们研究中国火药和火箭技术在东南亚的传播时，有关史料并不太多。首先可以假定，火药和火箭技术在这个地区

的传播路线是沿着贸易路线进行的。这与实际情况应当是没有多大出入的。其次可以说，传播的时间可能发生在元代或明初。因为在这个时期内中国有两次与这个地区发生交通和技术交流的大规模行动，即蒙古军的入侵和郑和出使西洋。

蒙古军入侵越南和缅甸等国的过程中，正如他们在欧洲那样，把火药和火器传到了这些地方。越南古称交趾或安南，在陈朝时期，蒙元贵族三次派大军南下进入安南境内。1252 年，忽必烈和兀良哈台率三万军队攻占大理（云南省境内），为灭南宋扫清道路。试图由云南进入安南，再由此北上，与北方南下的蒙古军会合，夺取长江流域各省。1258 年，蒙古军三万人沿红河进入越南，攻占了陈朝京城升龙（今河内）。因为那里天气炎热，又加上粮草供应不济，而蒙古统治者又忙于灭宋，所以不久便退兵返滇。1260 年，忽必烈即大汗位，改国号为元。1279 年南宋亡于蒙元。1282 年元兵从海路进攻占城。以上是第一次安南用兵。第二次南征始于 1285 年，由忽必烈之子脱驩率几十万军队经谅山进入越南，攻占其京城升龙。至同年夏，士兵患病者甚多，并遇到抵抗，又退。第三次在 1287—1288 年由五十万元军分水陆合攻安南。以上三次南征人数都以数万或数十万计，携带火箭、火炮、喷火筒和手掷炸弹等火器。火药和火箭技术就是在这时传过去的。越南陈朝的创立者陈日照本为福建长乐人，后移居安南以渔为业。安南贵族多汉姓，如陈、黎、丁、李等，皆通汉字。自从蒙元进兵以来，迫使陈朝接受元朝册封为王，并设达鲁花赤作为监察官。同时在陆上边界一带设互市场，也在海上展开频繁的往来和贸易。陈朝统治者认识到火器在战争中的重要性，因此至迟在陈朝末期，越南已学会制造火药和火炮等火器。在中国，朱元璋于 1368 年推翻元朝后建立的明朝，继续与越南南方和北方保持交往。明初洪武四年，明廷向占城王调拨不少武器，其中自然包括各种火器。

明初永乐四年，明成祖又派朱能、沐英、张辅为征南将军，率大军进攻安南，兵士随带火锐神机箭作侧翼包围时用，专门对付当地的象阵。《明史》八

十九卷《兵志》称，京军设五军营、三千营和神机营，合称三大营。而神机营专司火器操演及随驾护卫。已，征交趾，得火器法，立营肄习。《武备志》云：此即平安南所得者也。箭下有木送子，并置铅弹等物。其妙处在用铁力木，重而有力，一发可以三百步。这种武器是金属筒，下部装发射药，再上是木送子，木送子上放置箭。点燃发射药后，推动木送子，再把箭推出。从构造原理上与枪炮类似，所不同的是以箭代替弹丸。

中南半岛上的柬埔寨与中国交往的历史也很悠久。中、柬两国在元代以来的海上贸易相当活跃，使者、商人往来不绝。柬埔寨在 13 世纪从中国引入火药和火箭技术，为了制造火药，柬埔寨还从中国进口硫磺和硝石。

与柬埔寨接壤的泰国，元、明时的史书称为暹或暹罗，是中国同印度、阿拉伯海上贸易通道的必经之处。中世纪中南半岛上的柬埔寨、泰国和越南等国，在除夕和新年（春节）期间有点放烟火、爆仗的习俗，后来一直保留着。金边和曼谷的王宫每年除夕都放鞭炮以驱邪。泰国是否将火箭用于军事目的？泰国人在 1593 年同柬埔寨交战时使用过火箭。因此同样可以猜想到，泰国人也同样掌握了这种武器。缅甸与中国云南交界，其火药和火箭技术也是在元明时从中国传入的。19 世纪时，缅甸人民曾用火箭武器抗击过英国军队的入侵。

中国与印度尼西亚的交通也有很长的历史。南宋灭亡后，不少宋代遗民渡海来到印度尼西亚，把较先进的生产技术带到那里，同当地人民一道在开发经济方面做出了贡献。火药和火箭技术传入印度尼西亚的具体年代，目前没有足够史料可资断定。但十三、十四世纪已有了这种技术传递的可能性。

古代火器

自火药发明以后，利用火药作为杀伤性的武器逐渐被研制出来，并应用于战争。火器即利用火药等的燃烧、爆炸作用或发射的弹丸进行杀伤和破坏的兵器。古代火器主要包括火箭、火铳和铁火炮等。火器的威力和破坏力远远大于冷兵器，因而继冷兵器后，逐渐成为古代战争的主要武器。并对世界历史的发展，产生了深远的影响。

一、古代火器

远在古代，炼丹家为了炼出长生不老之药，不断地探索，不断地烧炼。经过不知多少次的反复试验，炼丹家终于获得了包括硝、硫磺、炭等三种材料在内的配方，一心想用这个配方制出长生不老之药。按照这个配方制出的药极易燃烧，被称为“火药”，也就是“能着火的药”。

炼丹家高兴了没多久，就再也笑不出声来了。事实证明，辛辛苦苦研制出来的这种火药并不能令人长生不老。这种能够着火的药虽然不能令人延年益寿，却可以治病。《本草纲目》中说火药能治疮癣，能杀虫，还能驱除湿气和瘟疫。

炼丹家渐渐对不能令人长生不老的火药失去了兴趣，而军事家对它却兴趣盎然。军事家将火药配方的比例略加改进，便制造出既能燃烧又能爆炸的威力巨大的黑色火药。这样，军事家终于笑到了最后。

黑色火药是中国古代四大发明之一，可用于开矿、建筑爆破和战争。

火药是我国古代劳动人民、药物学家、医学家、炼丹家经过几百年甚至上千年的努力探索所取得的丰硕成果，也是我们中华民族对世界的巨大贡献之一。

火药最早用于军事是在唐哀帝天祐元年（904 年）的豫章（今江西省南昌市）之战中。据宋代路振《九国志》记载，杨行密的军队在攻豫章城时，将火药捆在箭镞上射向城中，同时还用纸包裹着火药等易燃品制成球状物，用抛石机向城中抛掷。这些火箭和火球在城中燃起了熊熊烈火，焚毁了龙沙门。

这是世界火器的序曲。从此，一支惊心动魄的火器交响曲在中国奏响了。

二、中国古代火器的分类

我国古代火器共分三类，即枪类、炮类和其他类。

（一）枪

枪是口径与重量比较小、能够手持作战的管形火器。

十眼铳，单兵单管铳，管用熟铁打造，10节，口径10厘米，每节一发，可以发射十次。重15斤，长5尺，中间1尺为实体，两头各长2尺为管，每头平分5节，每节长4寸，有箍一道，火门一个，每节装火药和铅弹一枚。用时先点一头，依次发射，然后掉头再发射另一头。

手铳，元末明初对火铳的一种分类，因形体较轻，口径较小，可在后面装木柄，手持使用，故称手铳。属火门式火器，可以看作是近世火枪与现今各式枪械的前身。

火铳，单发步枪。长43.5厘米，口径3厘米，二人一组发射，一人负责支架和瞄准，一人负责点火射击，射程180米。这是明代制式的早期轻型火器，铸造精良、设计精巧，和元朝的火铳比较，所需火药大大减少。明代时曾作为标准武器，生产九万多支。

拐子铳是四连发手枪，是带有曲柄的连发火绳，长37.5厘米，装填方式类似佛朗机，射程150米。明朝称之为“万胜佛朗机”。

抬枪，是一种中国独有的武器，早在鸦片战争时清军就已大量装备，分前装滑膛、前装线膛及后装线膛等数种。其结构原理与同类的步枪和马枪相同，只是尺寸、重量、装药量、威力、后坐力等比步枪和马枪为大。19世纪60年代以前生产的抬枪为前装滑膛，散装黑药，用火绳点火。19世纪60年代后，开始仿照英、

法、德、美等国，制造出各种类型的有击发机构的前装和后装抬枪。抬枪品种繁杂，如江南制造局所造抬枪口径为 15.9 毫米，枪长 2445 毫米，全重 13.2 公斤，铅子重 231 克；山西机器局所造抬枪口径为 25 毫米，枪长 2200 毫米；湖南机器局所造抬枪长 2032 毫米，铅子全重 52.2 克；陕西机器局所造抬枪口径为 41.3 毫米，枪长 1588 毫米，净重 14.14 公斤。

三眼铳，3 管单兵手铳，由 3 支单铳绕柄平行箍合而成，成品字型，各有突起外缘，共用一个尾部。单铳口径 15 毫米，全长 350 至 450 毫米。三铳都有药室和火门，可以连射，构成密集火力，有利于压制行动迅速的骑兵。射击后，还可以当做铁锤打击敌人。

鸟枪，新式步枪，并非打鸟之用，而是表示轻捷如鸟也难以逃脱，已经接近现代步枪，是用和倭寇交战中缴获的倭寇火枪改进仿制而成的。射程 150 米，雨天不能使用。

（二）炮

炮是口径与重量比较大、需要放在各种炮架与车辆上发射的管形火器。

虎蹲炮，戚家军装备的火炮。为了便于射击，将炮制成一个固定的形式，很像猛虎蹲坐的样子，故得此名。此炮适于在山岳、森林和水田等有碍大炮机动的战斗地域。首尾各 2 尺长，周身加 7 道加固箍。炮头由两只铁爪架起，另有铁绊，全重 36 斤。发射之前，用大铁钉将炮身固定于地面。每次发射可装填 5 钱重的小铅子或小石子 100 枚，上面用一个重 30 两的大铅弹或大石弹压顶。发射时大小子弹齐飞出去，炮声如雷，杀伤力及辐射范围很大，特别适用于野战，轰击密集的作战队形，可有效地控制敌人疯狂的进攻。在抗倭战争中，戚继光的军队每 500 人装备 3 门虎蹲炮。

佛朗机大炮，是利用欧洲技术制造的大型后装火炮，是使用带炮弹壳的开花炮弹。明朝时佛郎机大炮与红夷大炮一样，是 16 世纪初从葡萄牙人那里传来的。在明代，“佛郎机”指当时的葡萄牙和西班牙。最初，葡萄牙人的一艘战

舰在澳门外海与明朝水师发生冲突，后被明军俘虏。战斗中，明军吃了佛郎机大炮的亏，因此一上岸就向朝廷请旨仿造。明朝称仿造的佛郎机大炮为“子母炮”，因由母铳和子铳构成。母铳身管细长，口径较小，铳身配有准星、照门，能对远距离目标进行瞄准射击。铳身两侧有炮耳，可将铳身置于支架上，并能俯仰调整射击角度。铳身后部较粗，开有长形孔槽，用以装填子铳。子铳类似小火铳，每一母铳备有 5 至 9 个子铳，可预先装填好弹药备用，战斗时轮流装入母铳发射，因而提高了发射速度。有效射程为 500 米，45 度仰角发射时射程 1 千米。大型者炮身 250 厘米，中型者 156 厘米，小型者 93 厘米，子炮（炮弹）从后方装入，发射间隔短，发射散弹时一发炮弹带有 500 发子弹，可以封锁 60 米宽的正面，威力惊人。因为后膛装弹对铸造技术要求较高，清代时渐渐被淘汰，让位于比较简单的前装武器。

红衣大炮，远程重炮。大型者重 1.6 吨，炮身寿命长，号称“大将军炮”。明末引进西方“红夷大炮”的技术制造，改称“红衣大炮”，带有炮耳和瞄准具，可以调节射程，射程可达 1.9 千米。

（三）其他

其他类包括喷火的喷筒类火器、埋在地下引爆的地雷类火器以及各种炸弹、火箭等等。

竹火鹞，用竹条编成篓状，外糊纸张数层，内填火药和小卵石，一段装有干草，点燃后用抛石车抛向敌军。

蒺藜火球，爆炸性火器，外为纸壳，以铁蒺藜为核心，内装火药、六首铁刃，外面周身安插倒须钉，用抛引线抛向目标，烧杀敌军。

猛火油柜，北周年间（578—579 年），开始利用石油的燃烧性能作为武器使用。宋代，产生了火药和石油相结合的喷射燃烧兵器——猛火油柜。猛火油柜由下方装有石油的油柜与上方类似大型注射器的喷管组成，使用时向后

拉动喷管尾部的拉拴，使石油被吸入喷管，在喷管口放置少量火药点燃，向前推动喷管的拉拴，使管中石油向前喷出，并在出口处被点燃。宋军常用它防守城池，焚烧敌军的攻城器械。

一窝蜂，即多支火箭齐发器，一具发射器中带有多支火箭，堪称古代喀秋莎。规格有多种，从3连发的“神机箭”到100连发的“百虎齐奔”，都属于这个范畴。射程300米，连发火箭弥补了普通火箭弹道不稳、命中率低的弱点。

对人杀伤地雷，为我国最早的地雷，源于明代燕王朱棣靖难之役。当时，建文帝的部队在白沟使用这种地雷，给朱棣的军队造成重大损失。使用时，将导火索放入打通的竹竿内，点燃导火索即可引爆地雷。

震天雷，古代单兵手榴弹，弹内有称为“火老鼠”的钩型铁片若干。

霹雳炮毒火球，古代毒气弹，内部除火药外，还有巴豆、狼毒、石灰、沥青、砒霜等物，爆炸时产生毒烟，吸入者口鼻流血而死。

万人敌，大型爆炸燃烧武器，堪称早期烧夷弹。外皮为泥制，重40千克，用于守城。为了安全，搬运时一般带有木框箱。

火龙出水，为我国古代水陆两用火箭，是二级火箭的始祖。用纸糊成筒状，外绑第一级火箭，龙头下面和龙尾两侧各装一支附有半斤火药桶的火箭，四个火箭引信汇总在一起，与火龙腹内火箭引信相连。水战时，面对敌舰点燃安装在龙身上的四支火药筒，这是第一级火箭，能推动火龙飞行二三里远。第一级火箭燃完后会自动引燃龙腹内的第二级火箭。这时，从龙口里射出数只火箭，直达敌舰。

神火飞鸦，外型如乌鸦，用细竹或芦苇编成，内部填充火药，鸦身两侧各装两支药筒，其底部和鸦身内的火药用药线相连。作战时，用药筒的推力将飞鸦射至100丈开外。飞鸦落地时内部装的火药被点燃爆炸，宛如今日的火箭弹。

三、中国古代火器史

（一）唐宋火器

火药发明后，很快就被用于战争之中了。从目前的史料来看，中国最早使用火药武器是在唐昭宗天祐元年（904年）。当时，地方割据势力在互相攻伐中，杨行密的部将曾使用“飞火”攻城。“飞火”就是在箭杆上绑一个火药团，点燃引信后射出去。这种火器虽然简单，但已经是名副其实的火器了。

建隆元年（960年），宋太祖赵匡胤建立北宋。经过多年征战，到他弟弟宋太宗赵炅在位时，才结束了唐帝国灭亡之后的长期分裂局面。接着，宋朝又和辽、西夏等国发生了长期战争，交战双方互有胜负。

在这烽烟四起的年代里，火器制造和生产成为迫切需要，被提到日程上，很快便一步步地发展起来。火球与火箭是北宋初期创制的两类初级火器。

北宋朝廷为了进行统一战争和反侵略战争，建立了一个以东京汴梁（今河南省开封市）为中心、遍布全国各州的兵器制造系统。北宋初年，在汴梁设立了造兵工署，集中了近万名工匠，让他们终身为兵器制造服务。朝廷对火器研制者实行奖励政策，因而屡有火器被发明出来。在朝廷奖励政策的鼓舞下，汴梁一些将领开始试制火器，京外一些地方驻军的将领也竞相效仿。

火球是用火药制成的一种用抛石机抛至对方阵地引起燃烧的火器，火药成分除硝石、硫磺、木炭之外，还有可燃性物质，如竹茹、麻茹、桐油、小油、黄蜡、沥青等。

宋太祖开宝三年（970年）五月，在兵部主管兵器制造的兵部令史冯继升向朝廷进献了火箭的制造方法。后来，因试验成功，冯继升得到了赏赐。

火箭是北宋时期创制的一种初级火器，与现代火箭不同。这种火箭既可用弓发射，也可用弩施放。此时的火箭尚未使用火捻，施放时要先点燃火药包的外壳，然后施放。如果扎在敌人的粮草上，火药包的外壳引燃包内的火药后，即能猛烈地燃烧起来。

火箭除了弓弩通用者外，箭身一般都又粗又长，有用三弓斗子弩施放的斗子箭，有用双弓床弩施放的铁羽大凿头箭，有用小合蝉弩施放的大凿头箭等。它们也都在箭头的后部绑着一个火药包，施放方法和燃烧作用同弓弩火箭相似。

宋仁宗天圣元年（1023 年），汴梁已设有专门制造攻城器械的作坊，各作坊都有严格的操作规程，工匠们必须熟记这些规程，并严禁将制作技术外传。

火器试制成功后，朝廷极为重视，一面下令按照试制的样品加以制造，颁发部队使用；一面组织官员把火器研制的成果编辑成书，供各地学习和使用。

宋仁宗宝元三年（1040 年），天章阁待制曾公亮等人着手编写《武经总要》。宋仁宗庆历四年（1044 年）《武经总要》编辑成书。此书分前后两集，各二十卷，是我国官修的第一部包容军事技术在内的军事百科全书。此书在第十一卷至第十九卷中介绍了攻防用的火器，书中绘制图形、内容广博，囊括了北宋以前历代先人在军事各个方面取得的技术成果，完整地记载了火球与火箭两类火器的形制构造与制作方法，从而促进了北宋时期火器的研制。

《武经总要》介绍了八种火球的构造与使用方法，其中有火球、引火球、蒺藜火球、霹雳火球、烟球、毒药烟球、竹火鹞、铁嘴火鹞等。

火球与火箭类火器在使用时有一个共同的特点，都要借助抛石机、弓、弩、弹射装置等冷兵器的机械力才能抛射至敌方，达到烧杀、熏灼等作战目的。它巧妙地发挥了冷兵器的射远作用和火器的燃烧作用，将其结合在一起，运用于水陆各种作战中。

火球和火箭的使用迈出了火药用于军事的第一步，使传统的作战方式逐渐发生新的变化，为古代兵器划时代的发展做出了杰出的贡献。那时，除了火箭、

火球等火器之外，又造出了火罐、火油柜等燃烧性及爆炸性火器。火球与火药在宋军抵御外族侵略的作战中，尤其在守城时曾发挥过重要的作用。

北宋钦宗靖康元年（1126 年）正月，金军进围汴梁，朝廷派尚书右丞、东京留守李纲部署战守。他挺身而出，下令全军说，如能用弩与火球击中金兵者，有重赏。夜间，宋军纷纷发射霹雳火球打击攻城金军，金军在大火中乱了阵脚，哭喊声一片。火器令金军无可奈何，只好退出战斗。最后，他们向宋廷索要了一大笔金银，割取了一些土地，然后北撤而去。在这次守城战斗中，李纲让当时研制的新式火器发挥了巨大威力。

金军撤围后，从被俘的宋军和工匠那里学会了火器制造与使用方法，立即进行仿制和使用。这年闰十一月初，金军兵分东西两路，第二次进攻汴梁。攻城时，金军除用人梯、鹅车洞子、撞杆、钩杆及各种抛石机外，还用上了火球、火箭等火器。

主战的宋军统领姚仲友，向朝廷建议挑选壮士三百人，每人发火箭二十支，普通箭五十支，火盆若干，盆内放烧锥十个，以备点火。待四更金军熟睡时，击鼓为号，点火射箭，焚烧金军。与此同时，组织五百名骁勇兵卒，每人发给二十支火箭，各种火球若干，待金军攻城时，先是火箭齐发，然后用蒺藜火球猛击金兵，最后再以普通箭射敌。如此，金军必败无疑。不幸的是，他的建议没有被采纳，宋军拥有的火器优势未能发挥。

和宋军相反，金军在进攻汴梁时，充分发挥了火箭、火球等火器的威力。他们先在城外筑高台观察城中情况，然后发射火球焚烧城墙上的塔楼。金军火球如雨，于当月二十五日攻破汴梁。宋朝君臣都做了俘虏，北宋从此灭亡了。

宋金大战充分说明了火器的威力，为以后扩大火器的使用范围、创制新型火器提供了经验。

随着时代的发展，管形火器诞生了。管形火器是一种将火药放入管子里面发射的武器。

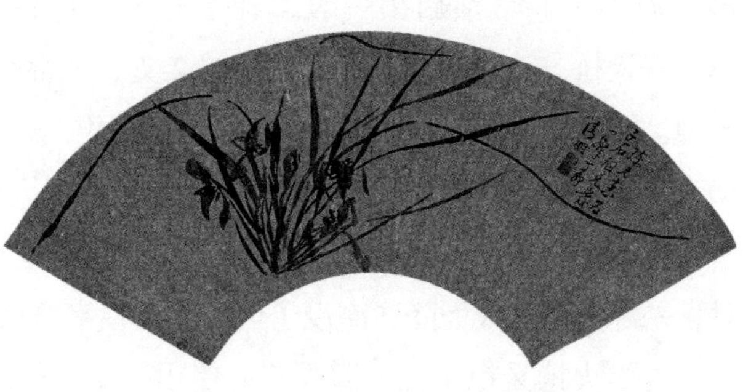

北宋灭亡后，康王赵构于建炎元年（1127 年）建立南宋，占据南方半壁江山，

与北方的金国南北对峙。南北双方矛盾尖锐、时有冲突。参战双方力求用最先进的技术大量制造火器，并研制新型火器。

宋朝南迁时，北方居民也离开故土，大量南移。不久，他们使江南的农业、手工业和科学技术都大大提高了。不久，南宋都城临安变成全国最大的工商业城市，聚集了具有各种技艺的工匠与专门人才，拥有发达的军器制造业。

临安的军器手工业以开封迁来的军器手工业为基础，建立了御前军器所，辖有规模巨大的军器制造作坊。作坊中分工严密，工艺精细，平时有固定工匠两千多人、杂役五百多人，最多时总共能有五千多人。作坊每年制造各种军器三百多万件，供宋军使用。

火球与火箭虽然在战争中发挥了一定的作用，但仍然存在使用不便的短处。它们大多需要借助弓弩和抛石机等冷兵器才能发挥战斗作用。因此，南宋初期一面在改进火球、火箭的性能上下功夫；一面又在研制新型火器，以求摆脱对弓弩和抛石机的依赖。

山东密州安丘人陈规在任德安知府时，制成了世界上第一支管形火器，人称竹竿火枪。这种火枪用竹筒制成，作战时点燃竹筒里的火药，喷出火焰，射向敌人。

陈规力主抗金，在德安加强城防，全力备战，准备迎敌。有一天，一股被金军打败沦为匪盗的宋军前来进犯。因陈规未雨绸缪，德安固若金汤，匪首李横久攻不下。李横眉头一皱，计上心来，忙招募工匠造了一个大型攻城掩体——天桥。这个天桥高 3.5 丈，阔 2 丈，底盘长 6 丈，靠 6 根巨型脚柱支撑于地。桥身分三层，正面、两侧和顶部都用牛皮和厚毡子蒙好，以防矢石。李横有了天桥，以为必胜无疑，狂妄地令部下将天桥推到德安城下，鼓噪攻城。坚守德安的陈规事先早已多方备战，立即亮出他的拿手武器——竹竿火枪。顿时，一片火海从天而降，淹没了天桥。李横率匪众狼狈逃命，陈规取得了胜利。

竹竿火枪又粗又长，需要三人使用一支。作战时一人持枪，一人点放，一

人辅助。枪内装填火药，燃速快，火力大。由于枪身又粗又长，装药多，能对准目标进行较长时间的集中持续喷射，既能很快使目标燃烧，又能使火焰迅速蔓延，因此能将巨大的天桥烧毁。

竹竿火枪比火球、火箭有很大改进，立即被推广到各地，用于攻守。为此，陈规成了世界上最早创制和使用管形火器的军事技术家。这种火枪在现在看来实在是太简单了，但因为它可以让人准确地掌握和控制火药的起爆时间，所以在人类使用火药的历史上是一个巨大的飞跃，其意义是十分重大的。

北方的金国人也发明了类似的火器，用多层厚纸卷成圆筒来替代竹筒。

这些火器都是喷射火焰的，枪管喷出的火焰不会太远。要想远距离杀敌，就必须造出能够发射弹丸的枪支来。

南宋理宗开庆元年（1259 年），与北方接壤的寿春军民制出了世界上最早的可以发射弹丸的枪，人称“突火枪”，发射的弹丸称“子窠”。作战时，点燃枪管里的火药，利用火药迅速燃烧产生的气体膨胀力推动弹丸射向目标。突火枪同样用竹管制成，而它所发射的子窠最初是用石头制成的。

后来，人们不断研制，终于造出了火铳。火铳是利用金属管发射弹丸的火器，初见于宋元之交，是现代枪炮的祖先。过去，学术界普遍认为火铳最早出现于元代，中国人民革命军事博物馆收藏的元文宗至顺三年（1332 年）制造的铜火铳被定为现存世界上最早的金属管形火铳实物。然而，1980 年 5 月，甘肃武威针织厂出土的西夏铜火铳推翻了这一说法。这就是说，火铳最早出现在与西夏同时的宋代。

西夏铜火铳，长 100 厘米，内径 12 厘米，重 108.5 公斤，由前膛、药室、尾銎三部分构成。前膛呈直筒装，长 46.8 厘米，膛体铸加固箍；药室呈椭圆形，上有 0.2 厘米的引火孔；尾銎中空，呈喇叭状，两侧各有一个对称的方形拴口，用以固定铳体。药室内尚存直径 0.9 厘米的铁弹丸 1 枚、黑火药 0.1 公斤，表明它是实用兵器。

西夏铜火铳是我国现在发现的最早的金

属管形火器，对研究古代军事史和兵器史具有十分重要的价值。用金属管形火器发射金属弹丸，标志着我国古代火器应用渐趋成熟了。

突火枪的坚固程度不如金属，枪筒大多容易烧蚀、焚毁或炸裂。如果使用火药的数量较多，性能较好，那么燃烧后产生的膛压必然增大，很可能在发射一两次之后，枪筒就损坏了。而金属火铳铳管熔点高，耐烧蚀，抗压力强，不易炸裂，能够适应因火药性能改良和装药量增多而增加的膛压。一支火铳能够使用多次而不用更换，使用寿命大为延长。

不久，火炮也出现了。金属管形火器有大、中、小之分，大型的要安置在架子上发射，这就是炮。

（二）元代火器

一代天骄成吉思汗很重视火器。忽必烈在大都建立元朝后，十分关心火器生产。在南宋和金朝火器的基础上，元朝火器又有较大的发展。当时，元朝火器无论是质量还是数量都是世界第一。

元朝初年，伯颜率军进攻沙洋，用火炮烧城，烟焰冲天，城中民舍几乎夷为平地。

元代铜炮铸造得越来越好，和金代火炮比起来，进步之大是很明显的。

如元至顺铜火铳，发现于北京房山云居寺，现藏于国家博物馆。此火铳铸造于元文宗至顺三年（1332 年），长 35.3 厘米，口径 10.5 厘米，尾部口径 7.7 厘米，重 6.94 千克。铳身阴刻“至顺三年二月十四日，绥边讨寇军，第三百号马山”二十字。

元顺帝至正十一年（1351 年），铸造的铜火铳长 43.5 厘米，口径 3 厘米，重 4.75 千克，是一种用于射击的管状火器。

还有一种燃烧火器叫“没奈何”，用芦席围成一圈，径 5 尺，长 7 尺，外糊布纸，用丝麻缠紧，内贮火药捻子及火器，用竹竿挑于桅上。接近敌船时，点

燃火线后，用刀砍断悬索，使“没奈何”落在敌船上。一眨眼功夫，火器便会爆炸，使敌船葬身火海。

另有一种可以投掷的爆炸性武器，近似金人的震天雷，其状如碗，顶上有一小孔，仅能容下手指。火发炮裂，碎铁块飞向四面八方，能击毙远处人马。

元朝在溧阳、扬州等处设有规模很大的炮库，专门制造火药火器。元顺帝至正十四年（1354年），元廷在上都组建了一支以“什”（十人为“什”）、“伍”（五人为“伍”）为建制的部队，该部队装备了火铳。元顺帝至正十九年（1359年），天下大乱，群雄并起，朱元璋与张士诚在江南争霸。双方在绍兴交战时，朱元璋的部队曾使用铁弹丸火铳射击藏在城内的敌人。元顺帝至正二十六年（1366年），爆发了平江（今江苏苏州）攻防战。朱元璋派遣军队围攻平江城里张士诚的队伍时，动用火炮轰击城池，取得了胜利。

明朝建立后，火器彻底取代抛石机，古老的抛石机终于退出了战争舞台。

（三）明代火器

明太祖朱元璋重视火器，下令大量生产火器。

明代种类繁多的火器不但可以攻坚，还可以用于防御及野战。朱元璋曾铸造铁炮，以减轻百姓负担。

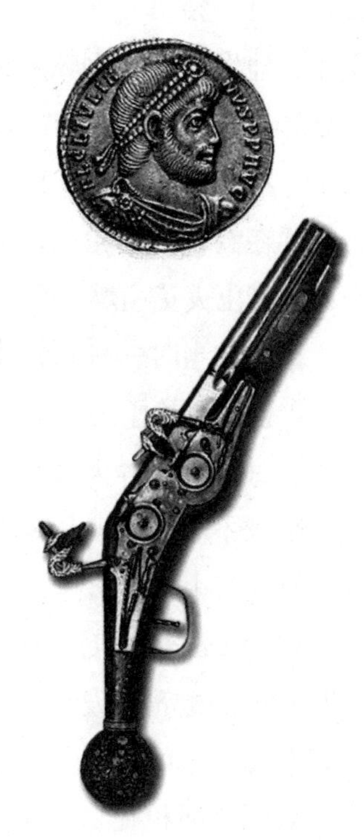

明代铁炮，炮身长约100厘米，口径21厘米，尾长10厘米。炮为长条形直筒状，炮口不再像盏口炮及碗口炮那样呈喇叭状敞开，因此比盏口炮及碗口炮的膛压要大，射程更远。为防爆膛，炮管外面有四道加固箍。两侧各有一根炮轴，方便运输。炮型类似于将军炮。元代火炮多用铜制造，后来改用铁制，古代最先使用铁炮的是朱元璋。就成本而言，铁炮比铜炮要便宜一半。

明军无论是陆军还是水师，都装备了大批火器，还成立了专业的火器部队。明代中期，使用火器的军人在军队编制中的比例已从明初的百分之十

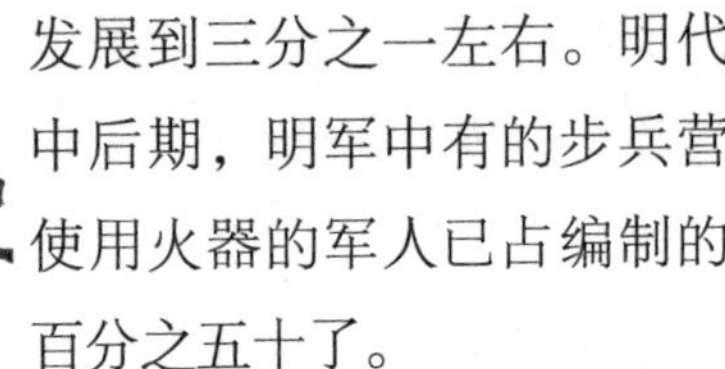

发展到三分之一左右。明代中后期，明军中有的步兵营使用火器的军人已占编制的百分之五十了。

民族英雄戚继光不但是一员虎将，还是一位心灵手巧的火器发明家。在北方边疆镇守时，为防蒙古军队进犯，戚继光曾发明大口径左轮枪——五雷神机。这是世界上最早的左轮枪，有三眼、五眼、七眼各种规格。使用时二人一组，一人支架，转动枪管，一人瞄准射击，射程 180 米。

戚继光军中最常用的火器——虎蹲炮是世界上最早的迫击炮。这种轻便的火炮适用于山地作战，机动灵活。由于前装，可以大仰角发射，与今天的迫击炮有异曲同工之妙。

万历八年（1580 年）四月，戚继光正担任镇守蓟州、永平、山海等处的总兵官，已是独镇一方、统兵十多万的大帅了，但他仍然亲自研究和改进武器。这年，他发明了“钢轮发火地雷”，是标准的踏发地雷，也叫“自犯钢轮火”。这就是世界上最早的地雷，比欧洲人发明地雷大约要早三百年左右。这是埋在地下、不用人工点燃、让敌人自己踏上就会自动爆炸的新式杀伤武器。它的主要机关在会转的钢轮上，钢轮紧靠火石，下面连着药线，一旦钢轮转动摩擦火石，会打出火花引燃药线，地雷就爆炸了。

鸟铳是当时一种新式步枪，并非打鸟之用，而是表示轻捷如箭的鸟也难以逃脱。这种步枪已经接近现代步枪，戚继光的步兵有 40%装备了这种枪。

那时，枪炮等火器有竹制、木制、铜制、铁制等品种，口径从数十毫米到数百毫米不等，长度从数百毫米到数米不等，重量从数斤到数吨不等，发射的弹丸有大有小，有石弹、铁弹、铅弹、铜弹等，射程从数十步到数十里都有。

但是，枪炮长期存在难以克服的缺点，如装弹药速度慢、发射程序繁琐、长时间射击枪管会发热等，因此还不能完全取代刀、枪、剑、弓弩等冷兵器，从而形成与冷兵器并用的局面。

欧洲火绳枪在嘉靖年间传入我国后，经过军器局和兵仗局的仿制和改制，

得到了广泛应用，并且成为明军装备的主要单兵射击火器。

万历年间，火绳枪的研制又有新的进展，其中火器研制专家赵士桢的成果最为突出。

赵士桢生于嘉靖三十二年（1553年），在海滨长大。少年时，倭寇横行东南沿海一带，赵士桢一家深受其害。他关心国家命运，注意研究军事及火器技术，常向军事家和名将请教。他毕生致力于军事技术研究，不仅发明了许多具有中国特色的新式火器，还写出了专著。

噜密铳是从噜密国（今土耳其）传入我国的一种火绳枪，赵士桢在万历二十五年（1597年）见到后立即开始仿制，于次年仿制成功，向朝廷进献了成品。噜密铳重6至8斤，长6至7尺，铳尾有钢制刀刃，在近战时可作斩马刀用。在形制构造上，噜密铳与前面所说的鸟铳虽然大致相似，都由铳管、铳床、弯形枪托、龙头和扳机、机轨、瞄准装置构成，但已有不少改进了。噜密铳的扳机和机轨分别用铜和钢片制成，厚如铜钱。龙头与机轨都安于枪把上，并在贴近发机处安置一个长1寸多的小钢片，以增加弹性，使枪机能够握之则落，射毕自行弹起，具有良好的机械回弹性。

掣电铳是赵士桢兼采欧式火绳枪和小佛郎机的长处而制成的一种新式火绳枪。欧式火绳枪的枪身长于鸟铳而短于噜密铳，可以发射五六次。小佛郎机比火绳枪重，虽不便于单兵发射，但它的特点是有子铳。赵士桢改制的掣电铳去掉了二者之短，兼收了二者之长；形似火绳枪，单兵可举而发射；其子铳似小型佛郎机，可轮流发射。掣电铳使用子铳，因此是射速较快的单兵火铳。

北方骑兵用三眼铳，虽能抵御敌骑，但因铳头较重，不灵便，准确性不高。为了克服这些缺点，赵士桢对三眼铳的形制稍作改变，使之便于左手持铳对敌，右手悬刀燃火发射，射毕可以用刀迎敌。

三长铳是赵士桢取三铳之长而改制成的一种单兵铳，即取欧洲火绳枪的轻便而增其威，取噜密铳之快捷而加以巧，取日本鸟铳铳床之便而加以

稳，故名三长铳。

赵士桢还创制了许多多管火绳枪，迅雷铳是其代表作。

迅雷铳，单兵多管转火器。吸收鸟铳和三眼铳的优势，铳身上装有五个铳管，每发一枪后转动 72 度发射另一铳管。五个铳管射毕后，铳身前端可发射火球焚烧敌兵。铳管上配有圆牌作护盾用，射击时支撑铳身的斧子也可在射完后用来防卫。多管铳最大的可以达到 18 管，使用火绳或者燧石击发。此铳易于携带，便于使用。列队跪射时，火力可无间断。

此外，赵士桢还造出了震叠铳。震叠铳是赵士桢根据倭寇作战特点而设计的一种双管铳。倭寇在作战中见到明军举枪射击时，便立即伏于地上；待明军一发子弹射毕，即一跃而起，冲突而来。为此，赵士桢特地创制了上下双叠铳。一经点火后，此铳先将上铳中的弹丸射出。当倭寇起而冲突时，下铳弹丸正好射出，将敌击中。倭寇不知此铳特点，仍按常法作战，结果纷纷丧命。

多管火绳枪是在多管火铳的基础上，利用火绳点火发射的新型军用枪，设计巧妙，装填方便，射速快，杀伤威力大。赵士桢所研制的多管火绳枪与欧洲制造的多管火绳枪同期问世，说明东方火器研制并不落后于西方。

赵士桢火器研究硕果累累，不愧为我国古代杰出的火器研制家。他一生辛勤，埋头钻研，是一位具有献身精神和爱国主义思想的火器专家。他研制的火器具有鲜明的时代特色，充分体现了中国人民的聪明才智。他写的《神器谱》书对明末清初的火器发展产生了重要的影响。

明军大力发展火器，并从外国引进新技术。

大炮最早发明于中国，随蒙古人西征。传到欧洲后，又融汇了欧人的智慧而得到进一步发展。

红夷大炮在我国火炮发展史上具有重要意义，它是新科技的成果，以口径为基数，按一定比例倍数设计，让精通数理的人铸造；采用模铸法浇铸火炮，使造出的炮没有铸缝，承压力强，射程更远、威力更大，是摧毁城墙的重型利器。

明朝末年，大科学家徐光启从澳门购来一批红夷大炮，在对付后金的战斗中发挥了威力，使屡遭骚扰的边疆得到了暂时的安全。因此，在边防再次告急时，崇祯决定任用洋人造炮，起用了西方传教士汤若望等人。当时朝臣有人反对，甚至说堂堂中国若用外夷小技御敌，岂不贻笑大方。崇祯说大炮本是中国长技，汤若望比不得外夷。崇祯九年（1636年），汤若望负责设计大炮，皇宫太监充当兵工，从事制造。经过反复实验，先铸成大炮20门，每门重1200斤。崇祯皇帝派大臣验收合格后，立即下诏再铸500门。为降低造价，方便携带，又造轻型小炮500门，既可在马背上发射，也可扛在两人肩上发射。造炮持续两年，终于完成任务。崇祯皇帝嘉奖汤若望，特赐金匾两块，一旌造炮之功，一颂天主圣教。

大炮的设计与铸造需要各方面的知识，如数学、化学、物理、测绘等。博学多才的汤若望充分施展才能，在火药和火器的采用上，不仅从实践上，还从理论上为中国做出了贡献。

汤若望与焦勖合著的《火功挈要》一书，从理论上叙述了各种火攻方式的使用及效果，还讲述了火炮的构造与操作，对中国兵器的发展起到了一定的作用。

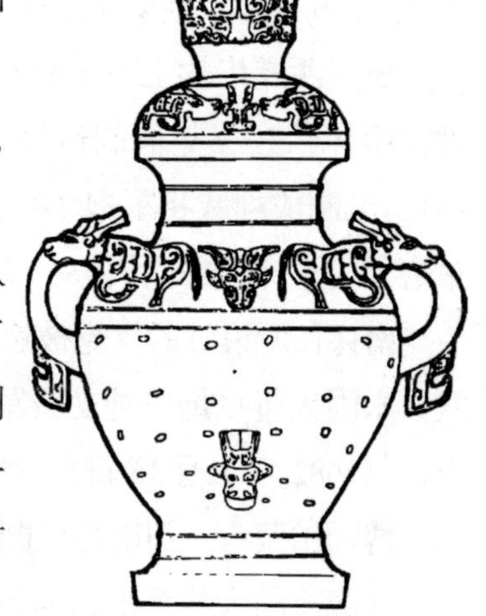

明朝末年，后金军在宁远败于袁崇焕之后，又相继在宁远、锦州失利。

努尔哈赤在宁远中炮而死，继位的皇太极从中吸取了经验教训。后金部队从明军那里弄到了红夷大炮和工匠，学会了铸造技术，并开始仿制红夷炮。大炮制成后，经过严格训练，培养了一支装备精良的炮兵队伍，作为攻坚主力，用来对付明军。

从此，后金军手中有炮，越战越勇，为入关作战创造了条件，最终夺取了明朝江山。

（四）清代火器

明朝灭亡后，入关清军用红衣大炮攻下潼关、扬州、广州等重镇，消灭了

以李自成为首的各路起义军。

不久，吴三桂起兵反清，爆发了“三藩之乱”。因吴三桂叛军盘踞山区，易守难攻，无大炮无法进军，于是南怀仁受命为康熙皇帝铸炮。康熙十四年(1675年)，南怀仁开始铸炮，在平定三藩之乱中立下赫赫战功。

清代由于平叛战争、抵抗外敌侵略和统一中国的需要，康熙年间曾大量制造火炮。仅康熙一朝，清政府制造各类火炮905门。无论在造炮的规模、数量和种类方面，还是在制炮的技术和火炮的性能方面，都达到了清代火炮的最高水平。而传教士南怀仁不辞辛苦，为此做出了巨大贡献。

南怀仁于1623年10月9日生于比利时，18岁时进耶稣学院，任文学和修辞学教师达五年之久。他传教心切，两次从西班牙赴美洲，均未如愿。顺治十四年（1657年），他受派遣来到中国。

虽然西方传教士不愿制造火炮这类杀人利器，但君命难违，不得已勉为其难。南怀仁在三年间制造轻巧木炮及红衣铜炮共132门，康熙二十年（1681年），又制成神威将军炮240门。后来，又制成红衣大炮53门、武成永固大将军炮61门、神功将军炮80门。南怀仁所制火炮，不下566门。

南怀仁所设计的火炮被选入清代《钦定大清会典》的有三种：神威将军炮、武成永固大将军炮、神功将军炮。为表彰南怀仁造炮有功，康熙二十一年四月十日（1682年5月16日），加南怀仁工部右侍郎衔，后又加一级。北京的中国历史博物馆藏有一门南怀仁制造的武成永固大将军炮。

武成永固大将军炮，为铜炮，重3吨，炮长310厘米，口径12.5厘米。炮身全部铜绿，凸纹镌刻精美，花纹、蕉叶纹、回纹、乳钉纹、莲花纹样样俱全，底部左右有满汉铭文。此炮馆藏两门，是研究古代火炮的最佳素材。

西方工业革命之后，资本主义强国纷纷依靠坚船利炮向外扩张。鸦片战争中，英国一支不足2万人的远征舰队大败拥有4亿人口、200万军队的大清王朝。这一事实强烈刺激了林则徐等一批有识之士。林则徐是中国放眼看世界的第一人，极力主张改革中国的水师，指出“制炮必求极利，造船必求极坚”。为

了增强实战能力，林则徐主持整顿了广东水师，派人将从美国商人处购得的英制 1080 吨的轮船改成战舰，装炮 34 门，还购买葡萄牙 3000 斤大炮装在大战船上。林则徐曾上奏朝廷，主张购买、仿造近代军舰战炮，竟遭到朝野上下的激烈反对，道光皇帝甚至在林则徐建议造船的奏折上批道："一片胡言!"结果，残酷的事实教育了清朝皇帝。

咸丰皇帝被英法等战胜国的条款活活气死，年仅 6 岁的儿子载淳即位，由咸丰皇帝的弟弟恭亲王主持朝政。恭亲王在满洲权贵中头脑较为清醒，他和曾国藩、李鸿章在遭到一连串战败打击之后，深切体会到武器是决定战争胜负的至关重要的因素，因此对制造先进火器有很高的热情。

在此前后，中国出了一个闻名中外的火器专家——丁守存。

丁守存，山东日照人，道光十五年（1835 年）考中进士，担任户部主事，不久又调任军机处章京。

丁守存学识渊博，除精通文史外，还兼通天文、历数，尤精于火器制造。道光二十三年（1843 年），他根据化学实验写成《自来火铳迭法》一书，主要内容是研究雷管起爆装置，极有见地。他用的起爆药是硝酸银，虽然比欧洲晚了十几年，但属于独立研究成果，是中国起爆发展史上的一个重要里程碑。

此后，丁守存又从事手捧雷、地雷等新式火器的研制。他得出的有关蒸汽机、火炮、地雷等方面的制造原理与西方学者的原理基本相同。不久，丁守存赴天津监制炮船，制成了自动启爆的地雷和火炮。

咸丰元年（1851 年），太平天国起义爆发后，咸丰皇帝派赛尚阿为钦差大臣，前往广西镇压。丁守存被赛尚阿调往军营监造地雷、火炮等。丁守存与丁拱辰通力合作，铸造出各种类型的火炮 106 门，并造出地雷、火箭、火喷筒、抬枪、鸟枪等各式兵器。在此期间，丁守存写成《西洋自来火铳制法》等著作。

咸丰三年（1853 年），丁守存随兵部尚书孙瑞珍到山东办理团防，由他负责制造的石雷、石炮杀伤力很

大。丁守存在日照开创的堡垒战术受到清廷重视，将他调往直隶，在广平县筑堡二百余所，配置大量石雷、石炮。

丁守存在火器研制方面功劳卓著，被清廷授为湖北督粮道、按察使加布政使衔。

丁守存一生主要著作有《造化究原》《火法本论》《详覆用地雷法》《新火器说》等，对中国火器发展做出了巨大贡献。

清朝末年，为了救国，一些有识之士开展了洋务运动。洋务运动的主要措施有四条：一、向西洋购买军舰大炮；二、中国自己设立工厂制造军舰大炮；三、派遣留学生去西洋各国学习他们制造舰炮的本领；四、将中国对外贸易的关税留下十分之三作为洋务运动的经费。

在火器方面，一些爱国志士已经为赶超世界先进水平努力了。但是，由于尽人皆知的种种历史原因，收效甚微。

四、中国古代著名火器

阿城铜铳，1970年于黑龙江省阿城县出土，现藏于黑龙江省博物馆。此铳为元代前期铜制火铳，口径2.8厘米，全长34.5厘米，重3.55千克。此铳由前膛、药室和尾銎组成。前膛装填弹丸，铳口铸加固箍，以防弹丸射出时炸裂铳管。药室与前膛相通，用以装填火药，外凸，呈椭圆状，可耐较大膛压。药室上面有一小孔，为火门，火绳可通过此孔点燃火药。尾銎中空，装上木柄可以手持，故又称手铳。

元至正神飞铜铳，1957年由山东省博物馆发现，现藏于中国人民革命军事博物馆。元顺帝至正十一年（1351年）制造，为手铳，口径3厘米，全长43.5厘米，膛深28.9厘米，重4.75千克。前端镌有“射穿百札，声动九天”八个篆字，中间镌“神飞”二字，尾部镌“至正辛卯”（至正十一年）四字，并有“天山”二字。铳呈细长管状，药室部隆起，共铸有6道加固环箍。与元代前期手铳相比，此铳铸制较为精细，铳管加长，除铳口和药室部位外，在铳管上也加铸了加固箍，可增大装药量，提高杀伤力。铳尾口缘两侧有两个小孔，以便用铁钉将铳筒与木柄牢固连结。此铳比例匀称，铸造精美，是馆藏古代火器珍品。

元代火铳比宋代突火铳先进得多。突火铳受制造材料的限制，只能根据竹筒大小因材制作，因而大小不一，没有统一规格，铳筒长短参差不齐，不能按统一规格进行批量制造。由于铳筒规格不同，难于把握装药量，影响发射威力和安全：筒大药少会导致发射无力，不能达到预期的杀伤目的；筒小药多会引起枪筒炸裂，伤害发射者。而元代火铳按一定规格进行成批铸造，同一批火铳的各部尺寸事先都已经设计好了，可严格控制药室的尺寸，保证装药量达到标准，既能保证发射威力，又可提高发射时的安

全性能。

赤城明洪武铜手铳，1964 年于河北省赤城县出土，现藏于河北省文物研究所。此铳于明太祖洪武五年（1372 年）制造，为现存明代最早火铳之一，又名“长铳筒”，《明会典》称之为“手把铜铳”。铳呈细长管状，口径 2.2 厘米，全长 44.2 厘米。药室部略外凸，上有点火孔。铳身有 4 道加固箍。铳管部阴刻 31 字：“骁骑右卫胜字肆佰壹号长铳筒重贰斤拾贰两洪武五年八月吉日宝源局造”。铭文包括使用火铳的卫所名称、编号、铳名、重量和制造年月、制造机构六部分内容，表明当时火器的制造制度已趋完备。骁骑右卫是护卫京城的；宝源局原是明政府铸造钱币的机构，铭文表明宝源局在明初时也曾兼铸火铳。此铳和元代手铳相比，形制没有太大的差别，只是铳管加长了，口径减小了，这样有利于提高火铳的射程。此枪出土时药室里装满火药，铳膛中装有铁砂，表明当时手铳所发射的为散弹，可进行大面积杀伤。

朱元璋于元文宗天历元年（1328 年）生于濠州（今安徽凤阳），自幼家境贫困。天生聪明过人，胸怀济世安民之志。元末天下大乱，他毅然从军，投靠濠州起义军将领郭子兴。他作战勇敢，计谋超人，因功跃升将官。郭子兴病死时，朱元璋成为义军领袖。朱元璋一直认为打天下离不开火器，曾多方招揽火器人才。有一个名叫焦玉的匠人献上几十条火龙铳。朱元璋命人在军中试射，证实能够洞穿皮革。朱元璋大喜，认为拥有此铳取天下就容易了。于是，他令人大批制造，用以武装士兵。同年六月，他率水陆大军渡过天险长江，南下开辟根据地，不久占领了集庆（令江苏南京），收降军民五十余万。朱元璋以此为基础，势力渐渐向四周扩张，终于建立了明朝。后来，消灭张士诚和陈友谅两大割据势力时，在关键时刻都是这些火器起了不可替代的作用。

明洪武五年碗口铳，青铜质，铳口呈碗状。重 15.25 千克，长 365 毫米，口径较大，体形短粗，铳膛呈直筒形，口内径 11 毫米，向后逐渐变细，铳身外壁铸有三周加固箍，铳身镌有“水军左卫进字四十二号大碗口筒，重二十六斤，

洪武五年十二月吉日宝源局造”和“韩”的铭文。明何汝宾《兵录》说碗口铳用凳为架，上加活盘，以铳嵌入两头，打过一铳，又打一铳。放时，以铳口内衔大石弹，照准贼船贴水面打去，可击碎其船，最为便利。碗口铳主要用于装备水军，是水上作战使用的。

明洪武十年铜铳，1971年于内蒙古托克托县古城墙内发现，现藏于中国人民革命军事博物馆。铳全长435毫米，前膛长290毫米，药室长70毫米，尾銎长75毫米，铳口内壁直径20毫米，重2.1千克。铳身铭文五行：“凤阳行府造。重三斤八两。监造镇抚刘聚，教匠陈有才，军匠崔玉。洪武十年月日造。”此铳为明代前期常见的单兵火器，从洪武年间开始大量制造，并用以装备军队。由前膛、药室、尾銎三部分构成。药室上有火门。作战时先将火药由铳口装进药室，再塞入以坚木制成并用以闭气的马子，然后将散子弹装入前膛，用火绳通过火门点火，引燃发射火药，使火药燃烧生成的大量高温气体将子弹推射出膛。此铳有体积小、重量轻、口径小、身管长、射程远等特点。明初所造铜铳，铳身多刻有制造地、制造部门、工匠姓名、监造官员、重量和制造年月等。

原平古炮，明代重型火器。山西省原平县第二中学校园出土，共4门。最小的一门炮长67厘米，后端直径18厘米，炮筒直径14厘米，口径5厘米，重约50千克。比它稍大的火炮长90厘米，后端直径22厘米，炮筒直径18厘米，口径8厘米，重约70千克。另外两门炮较大，尺寸基本相近，长143厘米，外径22厘米，口径8厘米，炮膛深达102厘米，炮身前后各有一个吊环，靠后侧还有用于架炮的一字式撑杆，重约230千克。原平旧称崞州，地处晋北地区。此炮出土有重要的研究价值。

五雷神机，大口径左轮枪，单兵火绳枪，管用铁造，各长1尺5，重5斤，围柄而排，有准星，管内装药2钱，铅弹一枚，共用一个火门，枪管可旋转，点火射击后转到下一火门。此枪为世界最早的左轮枪，是戚继光在北方战线防卫蒙古军队时所发明的。有三眼、五眼、七眼各种规格，一般使用时二人一组，一人支架，转动枪管，一人瞄准射击，射程为180米。

明代鸟铳，长 2 米，射程 100 米，射速一分钟约 1 发至 2 发。鸟铳是明朝对火绳枪的称呼，清朝改称鸟枪。我国发明的火器在 14 世纪初经阿拉伯传入欧洲后，经过仿造和改进，制成了在构造和性能上都比明代前期火铳优越的新型枪炮，火绳枪即其中一种。火绳枪是用火绳点火的早期金属管身射击武器。明朝嘉靖元年（1521 年），明军在广东新会西草湾之战中，从缴获的两艘葡萄牙舰船中缴获西洋火绳枪。嘉靖二十七年（1548 年），又在追捕侵扰我国沿海双屿的倭寇时缴获了日本的火绳枪。后来，明朝兵仗局仿此火绳枪制成了鸟铳。鸟铳与火铳不同，铳管前端安有准心，后部装有照门，构成瞄准装置；其次是设计了弯形铳托，起固定作用，发射者可将脸部一侧贴近铳托瞄准射击，增加了命中率；铳管较长，长度和口径的比值约为 50∶1 至 70∶1。细长的铳管可以使火药在膛内充分燃烧，产生较大的推力，弹丸出膛后初速大，可以获得较远的射程；发火机用火绳作为火源，扣动扳机点火，不但火源不易熄灭，而且提高了发射速度，增强了杀伤力。鸟铳铳管用精铁制作，精铁要用 10 斤粗铁才能炼出 1 斤。用这样的精铁制成的铳管坚固耐用，射击时不会炸裂。制作时通常先用精铁卷成一大一小的两根铁管，以大包小，使两者紧密贴实，然后用钢钻钻成内壁光滑平直的铳管。钻铳工艺很精密，每人每天只能钻进 1 寸左右，大致一个月才能钻成一支。铳管钻成之后再于前端装准心，后端装照门。铳管尾部内壁刻有阴螺纹，以螺钉旋入旋出，旋入时起闭气作用，旋出后便于清刷铳内壁。管口外呈正八边形，后部有药室，开有火门，并装火门盖。完整的铳管制成之后，安装在坚硬的铳床上。铳床后部连接弯形枪托，铳床上安龙头形扳机。

猛火油柜，为最早的火焰喷射器。猛火油即石油。两千年前，我国劳动人民就已发现并使用石油。古代将原油称为石漆，唐代称石脂水，五代时称猛火油。宋代沈括首次提出石油之名。南北朝以后，石油被用于战争中的火攻。宋代，火药用于军事后，发明了世界上最早的火焰喷射器——猛火油柜，并用以装备军队。此柜构造及原理与现代火焰喷射器相似。用熟铜制成方柜，下有 4 脚，上有 4 个卷筒，卷筒首大尾细，尾开小窍，大如黍粒，首为圆口，径半寸，

柜旁开一孔，卷筒为口，有盖，为注油处。管上横置唧筒，即原始活塞机械，与油柜相通，每次注油 1.5 千克左右。唧筒前部装有“火楼”，内盛引火药。发射时用烧红的烙锥点燃火楼中的引火药，使火楼体内形成高温区。同时，通过传导预热油缸前的喷油通道，形成预热区，然后用力抽拉唧筒，向油柜中压缩空气，使猛火油经过火楼喷出时遇热点燃，从火楼喷口喷出烈焰，形如火龙，用以烧伤敌人和焚毁敌方战具。猛火油柜是以液压油缸作主体机构组成的火焰泵，在古代城邑攻防作战中具有巨大威力。猛火油柜形制较大，很笨重，多置于城上，喷火距离为 5 米至 6 米。

攻戎炮，车载重炮，车下安两轮，上置车箱，炮身安放其中，加铁箍 5 道。车厢两侧各有铁锚两个，作战时将铁锚置于地上，用土压实，以减轻后坐力。此炮用骡马拖曳，可随军机动。

火箭，在箭簇的侧边绑上火药筒，筒后有引信，点燃引信，筒里的火药燃烧喷射，产生反作用力，推动火箭射向目标。戚继光在《练兵实纪》中记载了他所创制和使用的飞刀箭、飞枪箭、飞剑箭等三种火箭。它们的箭杆用坚硬的荆木制作，粗 6 至 7 分，长 6 至 7 尺；镞长 5 寸，横阔 8 分，分别制成刀、枪、剑形锋刃，能穿透敌兵铠甲。箭镞后部绑附一个粗 2 寸、长 7 至 8 寸的火药筒，筒尾有火捻通出。箭尾有羽翎，以保持箭身在飞行时的平衡。此类火箭可用于水陆作战。水战时，以有枝丫之物为架，竖于船舷上，将箭置于架上，用手托住箭尾，对准敌船，点燃筒尾火捻，将箭射出杀伤敌船官兵，射程可达 300 步。陆战时，步兵用有叉锋的冷兵器立于地上，以叉锋作发射架搁置火箭，将火箭射出。

水底龙王炮，将火药包装入防水的牛脬中，以香点火作引信，以羊肠通引火线，用羽毛做成浮标，保证引火线不进水。

此器为非触发水雷，放在浮于水面的木板上面，木板随波浪上下，水不能灌入，以保证香能正常燃烧。根据到达敌人舰船的距离和水流的速度来确定香的燃烧时间，利用水流作为推动力，当接近敌船时，香到火发，出其不意地轰击敌舰。这是戚继光在南方指

挥抗倭时发明的。戚继光不仅是一位战功赫赫的爱国名将，同时还是一位杰出的兵器制造专家。他一生在军事上有不少创造发明，其中之一便是这种水雷。南方为水乡，倭寇从海上来，多习水性，常驾船进掠。戚继光针锋相对，为贼船制造了这个克星。

戚继光是明代著名抗倭将领、民族英雄、军事家、武术家。明世宗嘉靖三十四年（1555 年），江浙倭患极为严重，朝廷升戚继光为参将，由山东调往浙江，镇守宁波、绍兴、台州三府，抵御倭寇。到浙后，戚继光检阅当地军队，发现军中恶习泛滥，不可能打败倭寇，于是出榜招兵，另建一支新军。不久，一支由义乌农民和矿工组成的三千人铁军组建起来。戚继光对这支军队进行了严格训练，还建立了严酷的军法：如果作战不力而战败，主将战死，所有偏将全部斩首；偏将战死，手下所有千总全部斩首；千总战死，手下所有百总全部斩首；百总战死，手下所有旗总全部斩首；旗总战死，手下所有队长全部斩首；队长战死，手下士兵如无斩获，十名士兵全部斩首。戚继光还制定了极高的赏格，斩获倭寇时有重赏，每献上一个倭寇首级赏银 40 两。为此，全军无不死战，直到获胜或战死，而且对倭寇基本上是全部斩杀。但是，戚继光明白，如果只有严酷军法，而无精良的火器，要想打败倭寇和那些亡命徒也是不可能的。于是，郑成功发明并研制了一大批火器。为此，戚家军百战百胜，终于剿灭了倭寇。

仁字伍号大将军炮，现藏于中国人民革命军事博物馆。此炮造于明神宗万历二十年（1592 年），长 1.45 米，口径 105 毫米，炮身铸有 9 道加固箍和两个铁环。铭文为“保阵边疆，仁字伍号大将军，巡抚顺天都御史李颐置，整饬蓟州兵备佥事杨植立、整饬永宁兵备佥事杨镐、监造通判孙兴贤，万历壬辰（二十年）孟冬吉日，兵部委官千总杭州陈云鸿造，教师陈胡，铁匠卢保”。此炮为当时比较先进的火炮。明代中期制造了多种形制的大将军铁炮。“大将军”是明、清两代对大型火炮的称呼。此炮引进了西方火器的新技术，炮上装有炮耳、照门、准星。明朝皇帝对于在军队中推广使用火器很重视，朱元璋于洪武十三

年（1380年）规定，在军队中按百分之十的比例配备火铳。永乐皇帝在位时，组建了以火器为主的神机营。明朝中后期，十万京军中，已有六万为火器部队。这在当时是一个相当高的比例。直到鸦片战争，清朝军队中的火器部队在全部军队中所占的比例也大体如此。明朝万历年间，朝廷下令兵仗局在三年中仿制佛朗机炮3400门，小铜佛朗机铳50支，铸造大将军炮、二将军炮、三将军炮各数十门，神炮六百多门，神铳一千五百多支。

红夷大炮，此炮陈列于北京袁崇焕纪念馆，为袁崇焕用过之实物。当年，住在澳门的葡萄牙殖民者从一艘在澳门附近搁浅的英国船上获大炮十二尊，全部卖给中国。明熹宗天启元年（1621年）十二月，首批四门大炮运抵京师。后来，有一门大炮在试射中炸坏，剩余十一门全部发往山海关，归孙承宗调遣。孙承宗又将其调到关外。这种红夷大炮属当时最新改造的英国加农炮，为前装滑膛炮，管长3米，口径1325毫米，炮管长度为口径的24倍。炮身铸有六道加固箍，火门位于炮管后部，尾盖形如覆盂，尾部顶端有球珠，炮管中部两侧各铸一个炮耳，以便将炮安置在架上。炮身铸有盾形框徽，框中微号下为三艘四桅风帆艇，上有两顶皇冠及两只雄狮。为英国东印度公司之物。此炮命中率高，射程远，杀伤力极大，可调整发射角，性能安全，为当时欧洲射杀密集、进攻锐利的大炮，其先进程度比佛郎机炮要高数倍。明代大科学家徐光启力请多铸西洋大炮，用以守城。明熹宗采纳其言，在外国教士和技师指导之下自行铸炮。所铸造的大炮也封了官，称为“安国全军平辽靖虏将军”，还派官祭炮。后来，在辽东、宁锦战役中曾得力于这种大炮。天启六年（1626年）正月，努尔哈赤率大军十三万围攻宁远，而守将袁崇焕仅有一万二千人。出于爱国之心，袁崇焕不畏强敌，用红夷大炮轰击城外敌军。清军损失惨重，努尔哈赤本人也被炮火击中，身受重伤，不治身亡。

郑成功仿红夷炮，一门略大，一门略小。略大一门炮身总长150厘米，口径8厘米，口沿直径16厘米，尾部直径23厘米，中部伸出一对长5厘米、直径7厘米的圆柱形耳。炮体铸4道环箍，每道环箍均由一粗二细线条组成，

清晰规整；略小的一门炮身长 128 厘米，口径 6 厘米，口沿直径 15 厘米，尾部直径 21 厘米。这种铁炮材质好，结构科学合理，前细后粗，轻便灵活，容易移动，适合作为舰炮用于海战。这是郑成功吸取荷兰先进技术仿制的红夷炮。16 世纪初，随着西方海上交通的扩展，西方先进的枪炮开始回流到中国，对中国兵器的发展起了积极的推动作用。明代嘉靖年间，西方传入佛郎机铳；万历年间，又从荷兰传入红夷炮。红夷炮是经过科学设计而制造出来的重型火炮，其外形呈前细后粗状，炮身长度约是口径的 20 倍，药室火孔处的壁厚约等于口径，炮口处的壁厚约等于口径的一半。郑成功铁炮，其造型、长细比例、各部位尺寸均与红夷炮相近。

郑成功于明熹宗天启四年（1624 年）生于日本九州平户。父亲郑芝龙为明朝海商及海盗首领，在中国东南沿海及日本、台湾、菲律宾等海域拥有极大势力。母亲田川氏为日本人，郑成功 6 岁之前随母亲住在平户，直到父亲郑芝龙受明朝招安，郑成功才被接回泉州读书。崇祯十一年（1638 年），郑成功考中秀才。顺治三年（1646 年），清军攻克福建，郑成功的父亲认为明朝气数已尽，不顾郑成功的反对，只身北上向清廷投降。这时，清军掠劫郑家，郑成功的母亲为免受辱，切腹自尽。国仇家恨之下，郑成功在烈屿（小金门）起兵反清。康熙皇帝即位后，对郑成功实行封锁政策。郑成功和他的军队断绝了经济来源，面临严重的财政危机，不得不放弃以海岛为基地、反清复明的军事策略，转而进攻荷兰殖民地——台湾。郑成功亲率将士 2.5 万、战船数百艘，自金门出发，出其不意地在鹿耳门及禾寮港登陆。经过九个月的苦战，终于用重炮打败了荷兰人，结束了荷兰侵略者在台湾的殖民统治。宝岛台湾又回到祖国的怀抱，郑成功成为中国人民心目中的民族英雄。据清朝档案记载，郑成功曾大量仿制与使用红夷炮，大大提高了战斗力，因此才取得驱逐荷兰侵略者、收复宝岛台湾的巨大成功。

神威无敌大将军炮，现藏于中国人民革命军事博物馆。此炮为铜质前膛炮，上有铭文“大清康熙十五年（1676 年）三月二日造”，炮重 1137 千克，炮身长

2.48 米，口径 110 毫米。筒形炮身，前细后粗，上面有五道加固箍，两侧有耳，尾部有球冠。炮口与底部正上方有星、斗供瞄准用。火门为长方形，每次发射，装填 1.5 千克至 2 千克火药，炮弹重 3 千克至 4 千克。该炮用木制炮车装载，多用于攻守城寨和野战。在抗击沙俄的雅克萨自卫反击战中，此炮发挥了巨大的威力，战功卓著。

雅克萨城位于今黑龙江省呼玛县西北黑龙江北岸，自古以来就属于中国。17 世纪中叶，沙俄派骑兵远征，侵占了雅克萨，筑室盘踞，赖着不走。康熙十三年（1674 年），沙俄甚至将雅克萨编入沙俄尼布楚管区，在色楞河与楚库河汇合处建立色楞格斯克，并利用清廷对“三藩”用兵之时，霸占中国大片领土，抢掠财产，残杀中国百姓和官吏。康熙帝多次派遣使者和沙俄和谈解决边界事端问题，但沙俄一直无理拒绝。为了惩罚侵略者、夺回雅克萨，收复被侵占的大片领土，康熙决定展开一场反侵略战争。清廷作了充分的准备，在黑龙江地区增设了十个城池，加强了对该地区的管理和战备，调兵遣将，勘察地形，设驿站，储军需，造战船，铸巨炮，并派兵驻扎于爱珲、呼玛尔、额苏里等地。康熙二十二年（1683 年），又在爱珲设黑龙江将军，进一步加强对该地区的管理，以便直接指挥雅克萨作战。这时，神威无敌大将军炮也运到了前线。康熙二十四年（1685 年）四月，清廷命都统彭春、副都统郎坦、黑龙江将军萨布素率领水陆军三千余人由黑龙江城（今爱珲）出发，5 月 22 日进围雅克萨，通牒俄军撤离。俄军统领托尔布津置之不理，企图负隅顽抗。24 日，从尼布楚增援雅克萨的俄军哥萨克兵乘筏顺江而来，被清军将其大部劈入江中，余众溃逃，清军无一伤亡。同日夜晚，一部清军在城南佯攻，其他清军用神威无敌大将军炮和红夷大炮等火炮从三面轰击，炸死炸伤城内一百多人，摧毁所有城堡和塔楼。次日天明，清军又在城下三面堆积柴草，声言要火攻。托尔布津招架不住，乞求投降，率六百余人撤回尼布楚。沙俄侵略者贼心不死，撤回尼布楚后，又拼凑兵力，于同年八月再次窜到雅克萨，在旧址上筑城堡，四处烧杀中国边民，无恶不作。康熙皇帝闻讯，再次下令，命黑龙江将军萨

布素等率军讨伐。康熙二十五年（1686年）六月，清军再次进抵雅克萨城下，用神威无敌大将军等火炮日夜向城内猛轰。俄军胆寒，挖洞穴居，鏖战四昼夜，八百俄军被炸，只剩下百余人，托尔布津也被击毙。接着，清军在城外掘壕围困，截断城内水源，击败了俄军的五次反扑。俄军伤亡累累，最后只剩下二十余人，弹尽粮绝，被迫请求清军解围。康熙二十六年（1687年）夏，俄军残部获准退回尼布楚。沙俄侵略者连吃两次败仗，不得已同清廷签定了《中俄尼布楚条约》，从法律上确定了中俄东段边界。自此，我国东北边疆获得比较长久的安宁。此战，清军若无重炮，是无法制服穷凶极恶的俄军的。

威远将军炮，现藏于中国人民革命军事博物馆。此炮为大口径短身管前装臼炮，铜质，康熙二十九年（1690年）造。重300千克，长690毫米，口径212毫米，前粗后敛，形如仰钟，两侧有耳，以4轮木质炮车承载，发射爆炸弹。炮身铭刻满汉两种文字："大清康熙二十九年景山内御制威远将军，总管监造御前一等侍卫海青，监造官员外郎勒理，笔帖式巴格，匠役伊帮政、李文德。"炮膛明显分为前膛和药室两部分，前膛深375毫米，药室深160毫米，直径100毫米。作战时先将火药装入药室，然后将炮弹放入前膛，弹外用火药填实，再隔一层湿土，最后用腊封炮口。发射时，先从炮口点燃炮弹上引信，再火速点燃火门上引信，炮发子出，迸裂四散，杀伤力极大。此炮在康熙皇帝平定西北部噶尔丹叛乱和清军多次对敌作战中发挥了巨大作用。

尼布楚条约签订的第二年，沙俄又唆使准噶尔部首领噶尔丹进攻漠北蒙古。噶尔丹统治准噶尔部以后，野心勃勃，先兼并了漠西蒙古其他部落，又东攻漠北蒙古。康熙帝派使者到噶尔丹那里，叫他把侵占的地方还给漠北蒙古。噶尔丹十分骄横，不但不肯退兵，还以追击漠北蒙古为名，大举进犯漠南。康熙帝见噶尔丹野心勃勃，只得决定反击。康熙二十九年（1690年），康熙兵分两路远征，亲自带兵在后面指挥。右路清军先接触噶尔丹军，打了败仗。噶尔丹长驱直入，一直打到离北京只有七百里的乌兰布通。康熙帝命令福全反击，噶尔

丹把几万骑兵集中在大红山下，阻止清军进攻。清军用火炮、火枪集中轰射，步兵和骑兵一起冲杀过去。叛军被杀得七零八落，纷纷丢下营寨逃走。噶尔丹见大事不好，急派喇嘛到清营求和。康熙皇帝下令：“从速追击！勿中贼人诡计。”果然，噶尔丹求和只是缓兵之计，见清军追击，便带残兵逃到漠北去了。噶尔丹回到漠北，表面向清政府表示屈服，暗地里重新招兵买马，并扬言已向沙俄借到鸟枪兵六万，将大举进军。

康熙三十五年（1696 年），康熙皇帝第二次亲征，兵分三路，约期夹攻。在这次交战中，清军威远将军炮和其他火炮发挥了巨大威力，噶尔丹穷途末路，只好饮药自尽。

清代子母炮，现藏于中国人民革命军事博物馆。康熙二十九年（1690 年），清廷铸造了两种铁质子母炮：一种长约 1.77 米，重 47.5 千克，子炮 5 门，各重 4 千克，装药 110 克，铁子 250 克；另一种长约 1.93 米，重 42.5 千克，其余同前一种。炮的尾部装有木柄，柄的后部向下弯曲，并以铁索联于炮架。此炮装在四足木架上，足上安有铁轮，可以推拉。使用时将子炮放入母炮后腹开口处，用铁闩固定，然后点燃子炮，弹头从母炮口飞出。上述两种子母炮，开始时使用实心弹丸和小弹子。康熙五十六年（1717 年）后，改用爆炸弹，命中率高，杀伤力大。在康熙皇帝亲征准噶尔叛乱战争中，仅发射三发，即将敌营击毁，而获大胜。清代子母炮是当时较为先进的兵器。引人瞩目的子母炮后端有装置子炮的膛位，配备子炮五枚，可连续发射，因此被称为“清代机关枪”。当初，清兵不重视制造火炮，战斗中主要靠骑射取胜。明军在宁远、锦州守卫战中用火炮重创清军后，清廷才认识到火炮的重要性，开始组建火器部队。康熙初年，因南明政权灭亡，战事减少，曾一度减少制炮。自康熙十二年（1673 年）十一月起，云南平西王吴三桂部、广东平南王尚可喜部、福建靖南王耿精忠部三藩相继叛乱。由于他们有数量多、质量好、重达 500 至 600 斤的火炮，所以能在数月之中将战火烧遍云南、贵州、湖南、广西、福建、四川等省。叛乱开始后，康熙决定武力平叛，不得不大铸火

炮。当年即造成80门，运抵军营，在平叛过程中发挥了巨大作用。康熙三十年(1691年)，设立八旗火器营，给每名士兵发鸟枪一支，并于每旗设子母炮五尊。由于康熙皇帝的重视，火炮业发展很快，在吸收西方佛朗机炮的先进技术后，对中国古炮进行改进，并重新制造，从而大大提高了炮弹的命中率和杀伤力。

乾隆御用准正神交枪，长193厘米，内径14毫米，清宫造办处制造。枪管铁质，前起脊，中四棱处有镀金篆文“大清乾隆年制”六字，字周围环镀金卷草纹饰，带有准星和望山，枪口管处饰镀金回纹、蕉叶纹。枪床为高丽木，床下加木叉，叉尖饰角。枪体以二道皮箍加固。枪托镶骨，镌汉字“枪长四尺五寸，重七斤，鞘重五斤二两，药二钱，子重五钱”。

乾隆御用百中枪，长160厘米，内径13毫米，清宫造办处制造。枪管铁质，前起脊，中四棱处有镀金楷书“大清乾隆年制”六字，镀金蕉叶和回纹，带准星和望山。枪床底部附捌杖一根，加桦木叉，叉尖饰角。枪体以三道皮箍加固。枪托镶玉，镌汉字“百中枪，长三尺六寸，重七斤四两，药二钱，子三钱八分”。

乾隆御用威远枪，长155厘米，内径16毫米，清宫造办处制造。枪管铁质，前起脊，后圆镀金楷书“大清乾隆年制”六字，镀金蕉叶和卷草等纹饰，带准星和望山。枪床底部附捌杖一根，床下加木叉，叉尖饰角。枪体以三道皮箍加固。枪托底部嵌玉，镌汉字“威远枪，长三尺四寸，重七斤，药二钱五分，子五钱六分”。

乾隆御用奇准神枪，长203厘米，内径17毫米，清宫造办处制造。枪管铁质，带准星、望山。枪口管处饰镀金回纹和蕉叶纹，底部附木捌杖一根。枪床为云楸木，床下加桦木叉，叉尖饰角。枪体以四道皮箍加固。枪托镶玉，镌汉字“奇准神枪，长四尺五寸，重九斤二两，药二钱，子五钱”。

太平天国火炮两门，出土于川鄂交界的竹山县。两门火炮身长均为90厘米，头细尾粗，炮口直径14厘米，炮尾粗17厘米，炮轮直径25厘米，重达25千克。炮架由相连在一起的两个铁轮组成。炮尾点火引桩处铸刻有竖行“太平天国”四个大字；点火处又横刻“天国元年铸”五个小字。此炮十分灵巧，

便于携带。早在明代崇祯年间，明朝为抵御满清入侵，从欧洲进口了一批钢炮。这两门火炮外形、结构与从欧洲进口的火炮基本相同，制造时借鉴了当时国内外的先进技术。这两门火炮是当年石达开率部向四川进发时留下的，对研究太平天国历史是十分珍贵的实物资料。

道光十一年（1831 年），石达开生于广西贵县（今贵港市）北山一个小康之家。幼年丧父，八九岁起即独撑门户。石达开在务农经商之余，习武修文不辍，13 岁时，为人处事已有成人风范。因他古道热肠，轻财好施，常为人排难解纷，故被人尊称石相公。道光年间，官场腐败，百姓陷入水深火热之中。石达开 16 岁那年，结识了正在广西以传播基督教为名筹备反清起义的洪秀全、冯云山，常常相聚共图大计。三年后，石达开率四千余人参加金田起义，被封为左军主将。太平天国在永安建立后，石达开晋封翼王五千岁，意为羽翼天朝。桂平县有个白沙圩，东临郁江，西与贵县大圩接壤，水陆交通颇为便利，是个较大集镇。为了武装起义军，石达开率千余人在白沙圩开炉铸炮，为太平天国制造了头一批重武器。石达开是一位有远见卓识的军事家，在武器装备敌强我弱的状况下，及时铸炮，为攻克南京做好了准备。

神威无敌大将军炮，1975 年在齐齐哈尔建华机械厂的废铁堆中被发现，现藏于黑龙江省博物馆，为国家一级文物。铜炮，炮口外径 275 毫米，内径 110 毫米，炮筒前细后粗，最粗处外径 345 毫米，全长 2480 毫米，重达一吨。炮身中部有双耳，炮尾呈球形。可装药 2 千克。炮膛内还有一枚实心炮弹，炮弹直径 90 毫米，重 2700 克。炮身有“神威无敌大将军”“大清康熙十五年三月二日造”满汉两种文字。此炮与北京中国人民革命军事博物馆所藏“神威无敌大将军炮”为同一批制造者。

五、火器的保养

出土铜火器进入库房后，会出现新生绿锈，急需做抢救性保护处理：去除锈蚀物及潜伏的氯离子，然后进行缓蚀处理，最后进行封护处理。

在实施保护处理前，一定要对火器的原始状况进行记录。文字记录包括火器尺寸、表面状况，然后进行摄影，为以后的保护处理及研究提供科学的资料和数据。

对出土后火器上新生成的结构疏松的绿色粉状锈要完全剔除。可采用局部除锈法，即用脱脂棉蘸 1% BTA+2% H_2O_2 溶液敷在需去除的部位，要经过一段时间，令其发生作用，但不要等脱脂棉上的溶液干燥，即进行机械剔除；然后更换浸液棉花，反复操作，直至锈蚀物剔除，效果满意为止。在实际操作中，当脱脂棉敷在锈蚀物上时，会立即出现絮状物。这是锈蚀物内的 CuCl 与试液中的 H_2O_2 发生剧烈氧化还原反应的结果。由于 H_2O_2 在有金属离子存在的条件下会加速分解，而其中的 BTA 能防止铜器表面过分氧化，因而 BTA$-H_2O_2$ 溶液对铜器表面不会有影响。

通过上述处理后，仍会有小部分锈不能去除，可改用 5% 柠檬酸处理，效果会很好。这是由于柠檬酸能与锈蚀物中的二价铜发生反应，形成稳定的化合物。但柠檬酸对铜器基体的腐蚀性高，不宜过多使用。否则，处理过的铜器表面与其他尚未处理部分的颜色反差会很强烈。

不论用什么药剂处理，最后都要用蒸馏水清洗，把器物上残余的药剂去除干净。

去掉全部锈蚀物后，可先用 0.5%BTA+0.5%Na_2MoO_4+5%$NaHCO_3$ 复合缓蚀溶液浸洗，然后用蒸馏水喷洗，最后用 95% 酒精作脱水处理。这样既能去除潜伏的氯离子，又能去除器表的泥沙和尘埃。

接着，要选用苯并三氮唑（BTA）进行缓蚀处理，将2%BTA乙醇溶液用毛刷均匀涂刷在铜火器表面，然后干燥。BTA与铜反应后生成的保护膜可隔绝空气、水汽，抑制腐蚀。由于BTA有毒，要求操作环境通风良好，操作人员要戴上手套和防毒面具。

最后，要对火器进行保护工作，可选用氟碳材料涂刷铜火器内外壁，使其形成一层保护膜，从而有利于铜火器的长期保存。保护膜外观平整、光滑，呈半透明状，附着力好，耐久性好，能防潮、防水、防锈，而且不影响文物外观。

铜火器的保护要严格遵守科学保护原则，并要有详细的记录存档，为今后长期保存和研究创造条件，也能为今后的保护工作积累实践经验。

古代水利工程

水利是中国古代农业社会的命脉。几千年来，勤劳勇敢、自强不息、智慧善良的中国人民同江河湖海进行了艰苦卓绝的斗争，修建了无数个大大小小的水利工程，如都江堰、郑国渠、京杭大运河等。这些水利工程不仅规模巨大，而且设计水平也非常高，有力地促进了农业生产，不仅给当时的人们带来益处，而且泽被后世，影响深远。

一、大禹治水至秦汉时期

在这一时期里，我们祖先广泛使用青铜工具，特别是铁制工具，并由奴隶社会向封建社会转变，这一切对水利建设具有重要的推动作用。因此，在这一时期里，我们的祖先在防洪、灌溉、航运等方面都有较大的发展，并有一批大型水利工程建起，有的至今仍卓然屹立，造福人类。在水利建设的基础上，这个时期的水利科学技术也取得了较快的发展，并逐步向世界水利科学技术高峰迈进。

（一）防洪和治河

人类最初为了生存，必然要临水而居。随着社会的进步和农耕文明的兴起，我们的祖先对水源的依赖性更强了。公元前 22 世纪，原始公社末期，农业进入了锄耕阶段，人们逐渐由近山丘陵地区移向土地肥沃、交通便利的黄河等大江大河的下游平原生活。

水是一把双刃剑，有利也有害。不久，洪水终于向人类袭来，淹没了平原，包围了丘陵和山冈，人畜死亡，房屋被吞没。这时，大禹受命治水，他疏导并分流洪水，将黄河下游的入海通道一分为九，经过十多年的不断努力，终于获得了治水的巨大成功。

那时，人口不多，居民点稀少，大禹治水采用的疏导和分流方法是正确的。

到了春秋战国时期，人口骤增，社会经济空前发展，不能再任黄河在广袤的平原上奔流了。于是，筑堤防止黄河泛滥的方法应运而生。

在当时，筑堤防洪自然是有效手段。但是，黄河之水从上游冲下来的大量泥沙堆积在下游河床里，不断地抬高河床。尽管有堤，河水还是溢出河床了。

汉武帝继位后，黄河下游频繁决堤，筑堤和堵口成了当时经常性的治河工作。

汉武帝元光三年（公元前132年），黄河在瓠子（今河南省濮阳市西南）决口。洪水向东南冲入巨野泽，泛入泗水、淮水，淹及十六郡，灾情严重。

汉武帝闻讯，十分焦急，立即派汲黯、郑当时率10万人前去堵塞，未能成功。

丞相田蚡为了一己私利，反对堵塞决口，说黄河决堤是天意，不能靠人力强行堵塞。结果，此后黄河泛滥长达23年。

元封二年（公元前109年），濮阳地区干旱少雨，又逢大河枯水期，汉武帝认为正是治河的有利时机，便派遣大臣汲仁和郭昌率数万人再次堵塞瓠子决口。汉武帝还在出巡回京的途中专程到瓠子工地视察，并亲自指挥，先将白马、玉璧沉于河中，敬祀河神，然后命令随从官员，自将军以下，全部出动，背负柴草，填塞决口。柴草用尽后，又命令治河人员砍伐淇园竹林的竹子继续填塞，终于堵住了决口。之后，又在黄河北侧新开二渠，引导河水北流。

为了纪念这项重大治河工程竣工，汉武帝下令在瓠子新堤上修筑了一座宣房宫。汉武帝对这次治河成功十分满意，特地作了一首《瓠子之歌》。

汉成帝建始四年（公元前29年），大雨滂沱，连续十余日不止。黄河洪峰骤起，直摧馆陶、东郡、金堤。不久，大堤崩溃，致使东郡、平原、千乘、济南4郡32县被淹，最深处积水2丈余，受灾面积达1万多平方千米，摧毁官府民房近4万间，十多万人流离失所，人畜伤亡惨重。

这时，王延世于危难之际担起了治理黄患的重任。王延世为资中人（今四川资阳），自幼钻研水利，关心国计民生。他受命治水后，亲临现场勘察，找出症结，毅然决定在馆陶、金堤垒石塞堵狂流。他命工匠制作长四丈、大九围的竹笼，中盛碎石，由两船夹载沉入河中，再以泥石制成河堤。王延世带领军民日夜奋战 36 天，终于修成河堤，于次年三月初堵住了决口。四月，为纪念治黄成功，汉成帝改“建始”五年为“河平”元年。

河平三年（公元前 26 年），黄河又在平原决口，汉成帝派王延世与丞相杨焉、将作大匠许高、谏大夫马延年共同治理黄河决口。王延世经过精确的测量后，严密计算，仅用半年时间就修复了河堤，让百姓恢复了正常的生产。这年，农业获得丰收，两岸百姓得以安居乐业。

王延世是一位治水专家，他将川人治水经验推广到中原，在黄河岸边以竹笼盛石稳固坝基，终于治服了桀骜不驯的黄河，使其服服帖帖地安澜了。

由于黄河河床高耸，超过民房，防洪条件恶化，形势危殆，单纯依靠筑堤堵口已经无济于事，必须寻求新的解决办法。西汉末年，在朝廷的倡导下，开展了关于治河理论的辩论。治河专家提出了多种方略，对后世影响较大的有疏导、筑堤、水力刷沙、滞洪、改道等方法。

汉成帝绥和二年（公元前 7 年），水利专家贾让应诏上书，提出治河三策：上策主张不与黄河争地，留足洪水需要的空间，有计划地避开洪水泛滥区去安置人们的生产和生活；中策主张将防洪与灌溉、航运结合起来综合治理；下策是完全靠堤防约束洪水。

贾让的上策主张在改造自然的同时努力谋求与自然和谐发展，是有其积极意义的。

原来，贾让在上书以前，曾研究了前人的治河历史，并亲至黄河下游东郡一带做了实地考察。他发现战国时齐国与赵、魏两国以黄河为界。赵、魏临山，齐地低，于是齐国远离黄河 25 里筑堤。当黄河之水泛滥，东抵齐堤时，赵、魏

两国就被淹了。于是，赵、魏两国也远离黄河 25 里筑堤。这样，就给黄河留出了活动的空间。如今，沿河居民不断与黄河争地，民房与黄河仅数百步。而且在百里之内，黄河在堤中东拐西拐。从黎阳堤上北望，黄河高出民屋，形势十分严峻。经过深思熟虑，贾让这才在上皇帝书中提出治河上策。他主张迁走堤下居民，有人说：“这样做会败坏城郭、田庐、冢墓，百姓怨恨，且花费甚巨。”贾让不以为然，他说：“濒河十郡治堤用款每年不止万万金，而且一旦黄河决堤，损失更大，如果拿出数年治河之费迁走堤下居民，黄河改道计划一定会成功的。我们大汉方圆万里，岂能与黄河争咫尺之地？黄河改道一旦成功，将会河定民安，千载无患，因此说这是上策。”

治河上策符合 20 世纪 60 年代以来实行的非工程措施防洪理论，也包含躲避洪水的措施在内。贾让能在两千年之前提出这样的见解，不能不说有先见之明。

王莽篡汉后，黄河再次决口，而且改道从今山东利津入海，河水泛滥近六十年。

东汉开国皇帝光武帝去世后，其子汉明帝继位，于永平十二年（69 年），派擅长水利的王景治理黄河。王景学识渊博，尤其精通水利工程。汉明帝从全国各地调集了数十万士兵，开赴黄河沿岸。王景指挥他们以改道后的新河道为黄河河道进行修堤，使之不用再开新道。为了加强黄河抗御洪水的能力，又新建了汴渠水门，使黄河、汴河分流。这样，同时收到了防洪、航运以及稳定河道的多种效益。

这条新河道从今濮阳县与故道分离，流经范县、东阿、滨海，至利津入海。这条被固定了的黄河新道起到了治黄的重要作用，维持了近千年。直到北宋仁宗景祐元年（1034 年），黄河未进行过重大改道，也未发生过特大洪水，被公认为一项了不起的成就，不能不说是一个奇迹。

（二）灌区兴建

农田灌溉在中原地区起源很早，在战国人所著地理书《周礼·职方氏》中，已对全国主要

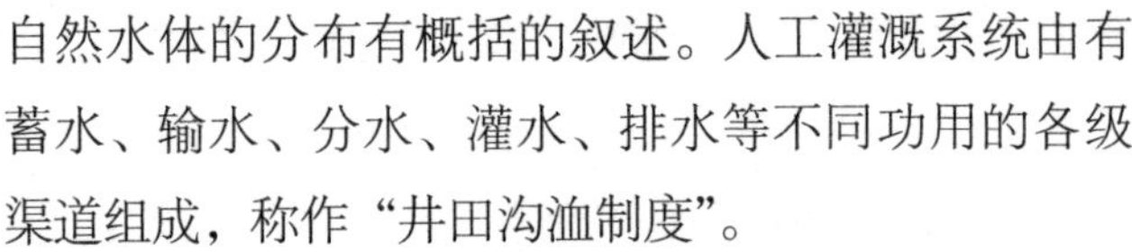

自然水体的分布有概括的叙述。人工灌溉系统由有蓄水、输水、分水、灌水、排水等不同功用的各级渠道组成，称作“井田沟洫制度”。

春秋战国时期兴建的灌溉工程气魄宏大，有坝引水工程如漳水十二渠和蓄水工程芍陂，无坝引水工程如都江堰和郑国渠，都是这一时期兴建的著名的大型灌溉工程。

战国时期，魏国邺城（今河北省临漳县西）的漳河经常泛滥成灾。为了解除漳河水患，当地人想了很多办法，但都无济于事。洪水冲毁房屋，淹没庄稼，百姓深受其害。后来，邺城的一些地方官、地主、豪绅与装神弄鬼的巫婆串通一气，说漳河闹灾是河伯显灵，只要每年挑选一位美女送给河伯做夫人，就可以使水灾平息。这样，官府年年驱使百姓给河伯娶妻，把年轻姑娘扔进漳河。他们的目的是乘机向老百姓索取大量钱物，然后分赃，中饱私囊。天灾人祸使邺城百姓无法生活下去了。特别是那些家里有年轻姑娘的百姓，担心自己的女儿被选中，只得背井离乡，四处逃亡。

邺城是军事要地，地处韩国和赵国之间，西边是韩国的上党，北边是赵国的邯郸。这么重要的地方不治理好当然不行，于是魏文侯派精明强干的西门豹去当邺令。

西门豹到邺城后，明察暗访，了解真实情况，趁给河伯娶妻的机会将巫婆投进漳河，震慑了当地的官吏和土豪劣绅，然后依靠百姓的力量开了漳水十二渠，用以灌溉田地，使邺城很快便富甲一方了。

漳水十二渠是我国多渠首制引水工程之始，意义非比寻常。

多渠首是从多处引水，渠首有多个，“十二渠”即修筑十二个渠首，用以引水。

漳水是多泥沙河流，多首引水正是适应这种特点而创制的。多泥沙河流因泥沙淤积，常使主流迁徙，不能与渠口相对应，以致无法引水。多设引水口门，即可避免这样的弊端。此外，如果一条引水渠淤浅了，立即可以用另一条引水渠来引水清淤。漳水十二渠设计合理，不但有引灌、洗碱、清淤、泄洪的功能，

而且易于维护，反映出当时农田灌溉技术的进步。直到汉朝初年，漳水十二渠仍能起到很好的灌溉作用。

司马迁在《史记》中对西门豹有极高的评价，他说西门豹担任邺令，名闻天下，泽被后世，无休止之时，可谓贤大夫。

孙叔敖出任楚国令尹之后，大力推行水利建设。楚庄王十七年（公元前597年），孙叔敖主持修建了我国著名的蓄水灌溉工程——芍陂。芍陂因流经芍亭而得名。芍陂在安丰城（今安徽省寿县境内），位于大别山北麓余脉。这里东、南、西三面地势较高，北面地势低，向淮河倾斜。每逢夏秋雨季，山洪暴发，频发涝灾；雨少时又常常出现旱灾。这里是楚国北疆的农业区，粮食生产的好坏关系到军需民用，非同小可。

孙叔敖根据当地的地形特点，组织百姓将东面积石山、东南面龙池山和西面六安龙穴山流下来的溪水汇集于低处的芍陂之中，修建五个水门，以石质闸门控制水量，水涨则开门分水，水落则闭门蓄水，避免了水多时洪涝成灾，天旱时又能有水灌田。后来，孙叔敖又在芍陂西南开了一道子午渠，上通淠河，扩大芍陂的水源，使芍陂能够灌田万顷。

芍陂建成后，安丰一带每年都产出大量的粮食，很快成为了楚国的经济基地。兵精粮足，楚国迅速强大起来，打败了实力雄厚的晋军，楚庄王一跃而成为“春秋五霸”之一。

三百多年后，楚考烈王二十二年（公元前241年），楚军被秦军打败，考烈王便把都城迁到这里，并把这里改名为郢，因为这里是鱼米之乡，适于定都。

如今，芍陂已经成为“淠史杭灌区”的重要组成部分，灌溉面积高达60余万亩，兼有防洪、除涝、水产、航运等多种综合效益。

为感戴孙叔敖建陂之恩，后人在芍陂建祠立碑，称颂他的丰功伟绩。1988年1月，国

务院确定芍陂为全国重点文物保护单位。

秦自战国后期起，国力日渐强大。它除了重视经营东方和南方外，也很注意开拓西方和北方。它先后打败了西戎义渠和游牧民族匈奴，将领土扩大到河套及其西南的广大地区。秦为了巩固对这些地方的统治，除派驻重兵、营建西北长城外，又在当地设立郡县，进行治理。秦既然在这里筑长城，驻戍兵，派官吏，治百姓，为解决官兵的粮食问题，自然有必要兴建水利，以开发当地的农业生产。宁夏平原黄河以东的秦渠，就是因为它凿于秦而得名。秦渠又名北地东渠，与它位于北地郡黄河以东有关。除河东秦渠外，秦还在河西开凿渠道，后人称为北地西渠。

在今成都平原的都江堰、陕西的郑国渠（今泾惠渠的前身）都是秦统一六国前为了增加统一战争的战略物资储备而兴建的灌溉工程。

都江堰位于四川成都平原西部的岷江上游，距成都 112 里，是秦国蜀郡守李冰于秦昭王五十一年（公元前 256 年）修建的一座大型水利工程，是我国现存的最古老而且依旧在灌溉田地、造福百姓的伟大水利工程，使蜀地有“天府之国”的美誉。它是我国科技史上的一座丰碑，被誉为世界奇观。两千多年来，它一直起着引水灌溉的作用，至今已成功地运行了两千多年，灌溉面积已经增加到一千多万亩。

成都平原在古代是一个水旱灾害十分严重的地方。岷江是长江上游的一大支流，流经四川盆地西部。岷江出岷山山脉，从成都平原西侧向南流去，对整个成都平原来说是地上悬河，而且悬得十分厉害。每当岷江洪水泛滥时，成都平原就是一片汪洋；一遇旱灾，又是赤地千里，颗粒无收。岷江水患长期祸及西川，成为蜀地生存发展的一大障碍。因此，秦昭王委任知天文、识地理、隐居岷山的李冰为蜀郡守。李冰上任后，下决心根治岷江水患，发展川西农业，造福成都平原。

都江堰渠首工程是由宝瓶口引流工程、鱼嘴分流堤、飞沙堰溢洪道三大工

程组成的，具有灌溉、防洪、放水等多种功能，是古代劳动人民的杰作，在世界上实属独一无二。

首先，李冰父子对地形和水情作了实地勘察，决心凿穿玉垒山引出泯江之水。由于当时还未发明火药，李冰便以火烧石，令其膨胀，再以冷水浇之，使岩石爆裂。这样，终于在玉垒山凿出了一个宽 20 米、高 40 米、长 80 米的山口。因其形状酷似瓶口，又引出贵如珍宝的泯江之水，故取名“宝瓶口”。打通了玉垒山，岷水流向东边，减少了西边岷江的流量，使其不再泛滥。同时，也解除了东边地区的干旱，使滔滔江水流入旱区，灌溉农田。

在李冰的组织带领下，人们克服重重困难，经过八年的努力，终于建成了都江堰这一历史工程。

都江堰建成之后 10 年，秦王政元年（公元前 246 年），秦国又在泾水之上兴建了郑国渠。

原来，战国（公元前 475 年 – 公元前 221 年）后期，韩桓惠公看到秦国统一六国已是大势所趋，为了削弱秦国的实力，他派韩国水工郑国到秦国劝秦王嬴政（即后来的秦始皇）兴修水利，想利用浩大的工程来消耗秦国的人力、财力和物力，从而达到“疲秦”的目的。这时，十分有远见的秦王正为国内多旱少雨、盐碱遍地而发愁，便立即采纳了郑国的建议，命令郑国在关中渭北平原上修建一条大渠。因是郑国带头修的，故名郑国渠。

这条大型灌溉渠西引泾水东注洛水，全长 300 余里。泾河从陕西北部群山中流出，流至礼泉后进入关中平原。关中平原东西数百里，南北数十里，西北略高，东南略低。郑国充分利用这一有利地形，在礼泉县东北的谷口开修干渠，形成了全部自流灌溉系统，灌溉着今礼泉、泾阳、三原、高陵、临潼、富平、渭南、蒲城、大荔等县（区）的 280 多万亩土地。郑国渠开凿以来，由于泥沙淤积，干渠首部逐年增高，以致水流不能入渠，于是人们便在谷口地方不断改变河水入渠处，但谷口以

下的干渠渠道始终不变。

郑国渠用富有肥力的泾河泥水灌溉田地，可以使淤田压碱，变沼泽盐碱之地为肥美良田，使关中一跃成为全国最富庶的地区。从此关中平原沃野千里，兵精粮足，为秦军统一天下发挥了巨大的作用。

郑国渠发挥灌溉效益长达百余年，首开关中引泾灌溉之先河，对后世引泾灌溉产生了深远的影响。

秦朝之后，历代统治者继续在关中完善其水利设施，如汉朝开凿了白公渠。汉朝有民谣歌颂道：“田于何所？池阳、谷口。郑国在前，白渠起后。举锸为云，决渠为雨。泾水一石，其泥数斗，且溉且粪，长我禾黍。衣食京师，亿万之口。”这里歌颂的就是引泾工程——郑国渠和白渠。

汉朝的农田水利设施中，除上述明渠外，还有一类是坎儿井。坎儿井又称井渠，由竖井、暗渠、明渠等几部分组成，每条坎儿井的长度由一二里到一二十里不等。暗渠是地下渠道，其作用为拦截地下水，并将它引出。暗渠每隔一二十米，便在其上立一竖井，井深从几米到几十米，视含水层深浅而定。每条暗渠的竖井，少则几眼，多则一二百眼。它是开凿、修理暗渠时掏挖人员的上下通道，又有出土、通风、采光等作用，还依靠它来确定暗渠的坡度和方向。

原来，南疆吐鲁番和哈密两盆地都位于天山南麓，地下蕴藏着丰富的雪水。每当天山积雪融化时，便形成许多巨大的水源。聪明的盆地居民为了把水源的水引来灌田，便向水源方向挖渠。因地面的渠容易蒸发，便在地下挖。地下渠把水引来后，因水中有泥沙，常常堵塞渠道，于是人们每隔不远就挖出一口竖井，便于下去疏通渠道。这和现代下水道的原理是一样的。

新疆雨量极为稀少，全年只有几十毫米，而气候干燥，年蒸发量竟高达几千毫米，蒸发量是降雨量的一百多倍，如果采用明渠灌溉，渠水多被蒸发，而蒸发对坎儿井的威胁极小。

吐鲁番和哈密两盆地的坎儿井共 1000 多条，暗渠的总长度约 5000 千米，可与我国历史上的万里长城和京杭大运河媲美。当年，林则徐被贬新疆时，看

到坎儿井，大为惊讶，曾赋诗赞扬。

西汉定都长安，关中是京中官吏、军队、百姓食用粮食的主要供给地。因此，西汉一代除凿漕渠从东方运粮入关外，更主要的是在关中增建灌溉工程，增加当地的粮食产量。在短短的几十年间，开凿了龙首渠、六辅渠、白渠、成国渠等大批农田水利工程。

西汉关中灌渠的开凿，以龙首渠为较早，引洛水灌溉重泉（今蒲城东南）以东 10000 多顷盐碱地。由于土质疏松，如果开凿明渠，渠岸极易崩塌，遂改用井渠结构。井渠由地下渠道和竖井两部分组成。前者为行水路线，后者便于挖渠时人员上下、出土和采光。最深的竖井 40 多丈。因为凿渠时挖出许多骨骼化石，人们误以为是龙骨，所以便称此渠为龙首渠。

六辅渠是汉武帝元鼎六年（公元前 111 年）兴建的，是六条辅助性渠道的总称，用于灌溉郑国渠上游北面的农田。这些农田地势较高，郑国渠灌溉不到。六辅渠建成后，为了更好地发挥这一工程的作用，汉武帝规定了“水令”。这是见于记载的我国最早的用水制度。

汉武帝太始二年（公元前 95 年），动工开凿白渠。渠首也在谷口，渠道在郑国渠南面，向东南经池阳（治所在今泾阳县西北）、高陵、栎阳（治所在今临潼县东北）注入渭水。此渠全长 200 里，灌溉郑国渠所灌溉不到的 4500 余顷农田。

白渠建成以后，谷口、池阳等县因为有郑、白两渠的灌溉，便成为不再旱涝的高产区。

白渠的溉田面积虽然远比郑国渠小，但是由于它比郑国渠合理，因而不像郑国渠那样易被泥沙堵塞，白渠在历史上长期发挥作用，在唐、宋时还有所发展，而郑渠的下游很快就不能灌溉了。

汉元帝建昭五年（公元前 34 年），南阳太守召信臣截断湍水，开三座闸门提高水位灌

溉农田。最长的渠道系由闸门渠首向东修干渠，经穰县城向东北，再折向东南进入新野，全长200里。沿干渠筑陂、堰29处，农田受益面积三万顷。

汉平帝元始五年（5年），又开了三座闸门，总共六座石门，故号六门堰，也称六门堤，灌溉穰县、新野、朝阳三县土地五千余顷。

西汉末年，六门堤系统失修。东汉光武帝建武七年（32年），南阳太守杜诗修复六门堤，并加以扩展，将陂堰增至31处，农田受益面积四万顷。

六门堤系统下通二十九陂，诸陂蓄水相互补充，形成排水、蓄水、灌溉相结合的水利体系。像这种“长藤结瓜”的独特的水利形式，标志着西汉时期南阳郡水利建设已经达到了一个新的水平。

汉顺帝永和五年（140年），会稽太守排水筑堤，变湿淤之地为良田，这就是著名的鉴湖工程。它是长江以南最早的大型塘堰工程，位于今浙江绍兴城南，又名镜湖。筑塘300里，灌田9000顷。绍兴境内，东南至西北一线以南为山地，北部为平原，北为杭州湾。鉴湖是拦蓄山北诸小湖水所形成的东西狭长的水库，堤长一百三十里，东起曹娥江，西至西小江，中有南北隔堤，将鉴湖分作东西两部，沿湖有放水斗门69座，历代有所增减。由于湖水高于农田，农田又高于江海，因此，干旱时开斗门涵洞放湖水灌田；雨涝时排田间水入海或关闭斗门、涵洞拦蓄山溪洪水。

（三）运河的开凿

商朝末年，周太王的长子泰伯将王位继承权让给三弟季历，自己到荆吴（太湖流域）定居后，率领百姓开凿了一条规模可观的运河，人称“泰伯渎”，位于今无锡市东南。

春秋时期，运河开凿渐多，有的为陈、蔡两国所开凿，在今淮水上游；有的为楚国所开凿，在今湖北、安徽境内；有的为吴国所开凿，在太湖流域和长江、淮河、黄河之间。

泰伯建立吴国后，励精图治，百姓得以安居乐业。到春秋末年，泰伯后代阖闾、夫差父子相继为王。由于太湖流域有了初步开发，又有伍子胥、孙武等人的辅佐，国力逐渐强大，对越国、楚国不断发动战争。

为了在战争中运兵和运粮，公元前 6 世纪末至公元前 5 世纪初，吴国在太湖流域，在自然河道的基础上开凿了三条运河：

一、胥浦，北起太湖之东，南至杭州湾。这是一条从对越国发动战争的需要出发而开凿的运河。

二、胥溪，位于太湖之西，是沟通太湖、长江的运河，便于吴国战船向西进入楚国。

三、湖东运河，由太湖之东的吴（今江苏省苏州市）北上，到今江阴西部与长江汇合，便于吴船经此骚扰长江下游的楚地。

吴国大军在伐楚之前，采用声东击西的“疲楚”战术。这一战术就是利用后两条运河，或向西扰楚，或向北扰楚，使楚军防不胜防，疲于奔命。“疲于奔命”的典故即源于此。

这三条运河的开凿，不仅促进了区域性的统一，而且还为后来的江南运河奠定了基础。

周敬王十四年（公元前 506 年），吴军大败楚师于柏举（今湖北麻城县东北）。

周敬王二十六年（公元前 494 年），吴军大败越师于夫椒（今太湖西洞

庭山）。

经此两次大战后，楚国一蹶不振，越国也臣服于吴了。

吴王夫差认为自己在长江流域的霸主地位已经确立，便决定向北方用兵，强迫晋、齐、鲁、宋等黄河流域的诸侯俯首听命。为了向北方运兵，夫差下令建筑邗城，开凿邗沟。

周敬王三十四年（公元前486年），吴国筑邗城，沟通江淮。邗城即扬州，在今扬州市西北郊蜀冈一带，遗址周长近20里。这是扬州建城的开始。

吴国筑邗城，目的是在长江北岸建立一个进军北方的基地。

接着，便开始开凿邗沟，旨在便于运送军队和粮秣。这条邗沟从邗城西南引进长江之水，经过城东向北流，从陆阳、广武两湖（两湖分别位于今高邮县东部和西部）中间穿过，北注樊梁湖（今高邮县北境），又折向东北，连续穿过博芝、射阳两湖（两湖位于兴化、宝应间），再折向西北，到末口（今淮安市东北）入淮，全长300千米。

邗沟的线路比较曲折，目的在于利用当地的众多湖泊，以便减轻施工的负担，提高施工的速度。

邗沟凿通后的第二年，即周敬王三十六年（公元前484年），吴军北上，与齐军大战于艾陵（今山东泰安南）。齐军几乎全军覆灭，主将国书及其以下五大夫或战死，或被俘，损失兵车800乘。

打败齐军后，吴王决定再开一条运河——菏水，以便进军中原，迫使当时北方诸侯首领晋国就范。

黄、淮之间的东部有两条大河：

一、济水，是黄河的汊道，首起荥阳，向东流经菏泽（今山东定陶东北，已淤）、大野泽（又名巨野泽，今巨野县北，已淤），折向东北，注入渤海。

二、泗水，发源于鲁中山地，流入淮水。

泗水和济水相距不远，只要在它们中间开一条运河，吴国的军队便可以从淮水北溯泗水，再通过运河，循济水直达中原腹地。

周敬王三十八年（公元前 482 年），夫差下令在泗、济之间凿出了一条运河。这条运河东起湖陵（今山东鱼台县北），西到与济水相连的菏泽。因其水源来自菏泽，故称荷水。

当年夏天，夫差率领吴国大军沿菏水到达黄池一带（今河南封丘县西南），召集北方诸侯举行历史上著名的黄池盟会。晋国自晋文公以后的一百多年中，一直是北方诸侯的首领，当然不肯轻易放弃这一特殊地位。因此，在这次盟会上，吴、晋双方各不相让。正当两军剑拔弩张时，吴王接到空虚的吴都被越军攻破的消息，只好向晋国让步，匆忙率军南归。

邗沟和菏水工程比较粗糙，邗沟的河道又较曲折，航运受到一定的影响。但这两条运河毕竟沟通了江、淮、泗、济诸水，对加强长江、淮河、黄河三大河流域的经济、政治、文化联系起到了重要的作用。

战国初年，魏国最早进行变法。魏文侯在位时（公元前 445 年 – 公元前 396 年），在李悝、吴起、西门豹等人的辅佐下，魏国军事力量曾盛极一时。战国中期，魏惠王仍然雄心勃勃，力图称霸中原。为了达到这个目的，魏惠王九年（公元前 361 年），将都城由安邑（今山西夏县西北）迁到大梁（今河南开封市）。接着，又以大梁为中心，在黄、淮之间开凿大型水利工程——鸿沟。

鸿沟是沟通黄、淮两大水系的水运枢纽。这一工程是从黄河的汊道济水引黄河水南下，注于大梁西面的圃田泽（已淤），再从圃田泽引水到大梁。当时圃田泽是一个湖泊，方圆 300 里，既可作为鸿沟的水柜，调剂鸿沟的水量；又可使水中的泥沙在这里沉淀，减轻下游航道的淤塞。接着，又将大沟向东延伸，经大梁北郭到城东，再折而南下，至今河南沈丘东北与淮水重要支流颍水汇合。这条人工河道史称鸿沟。

鸿沟从大梁南下时，一路上沟通了淮河的另一批支流，如丹水（汴河上游）、睢水（已淤）、濊水（今浍水）等。

过去，魏国境内可通航的河道较少，黄河多沙，只有部分河段可以行舟，丹水、睢水、濊水、颍水等流程短，水量少，

航运不发达。鸿沟凿成后，引来了丰富的黄河之水，不仅鸿沟本身成为航运枢纽，而且丹水、睢水、濊水、颍水等也因为补充了水量，航道畅通，内河航运有了很大的发展。

鸿沟水系不仅改善了魏国的水上交通，由于这些水道还可灌溉农田，因而也促进了魏国农业的发展。鸿沟和丹水、睢水、濊水、颍水等流域是战国后期我国最主要的产粮区之一。

鸿沟凿成后，中原地区可以通过鸿沟本身及丹、睢、濊、颍等水入淮，与南方吴、楚等地的水上交通远比以前方便了。

鸿沟的开凿，使中原地区对其他各地的水上交通也大为改观了。它可以循济、丹等水东通卫、宋和齐、鲁，利用黄河北通赵、燕，西连韩、秦。

开凿鸿沟后，黄河中下游和淮水流域出现了大批商业城市。此外，在鸿沟河网中还兴起了一批新的城市，如丹水和泗水汇合处的彭城（今江苏省徐州市），睢水之滨的睢阳，颍水入淮处的寿春等。鸿沟到汉朝时称狼荡渠，在历史上长期发挥重要的作用。

秦始皇二十六年（公元前 221 年），秦始皇统一了北方六国。接着，秦军又对江南的浙江、福建、广东、广西地区的百越发起了大规模的进攻。开始时，秦军在战场上节节胜利，但当他们打到两广地区时，虽然苦战三年却毫无建树。原来，由于五岭的阻隔，粮秣运输困难，使秦军补给供应不上。士兵经常饿肚子，当然不可能打胜仗了。秦始皇找到了问题的症结后，立即命令监御史禄劈山凿渠。于是，秦始皇二十八年（公元前 219 年），监御史禄负责开凿运河，以解决军队的给养问题。五岭山脉中的越城岭和都庞岭之间有一个谷地，谷地中有两条自然河道，一条是湘江上游海洋河，另一条是珠江水系的始安水。如果在两水之间凿一条运河，就可沟通长江和珠江，解决秦军的粮运问题了。海洋河和始安水相距很近，最近处只有 3 里。但海洋河和始安水之间横亘着高约百尺、宽约 1 里的小山。在监御史禄的带领下，秦军克服种种困难，经过几年的努力，终于在秦始皇三十三年（公元前 214 年）凿通了运河。这就是中国历史

上有名的灵渠。它把长江水系和珠江水系连接起来，使秦国的援兵和补给源源不断地运往前线，最终把岭南的广大地区全部划入了秦王朝的版图。

灵渠位于湘桂走廊中心的兴安县境内，与四川的都江堰、陕西的郑国渠并称为秦国的三大水利工程。

灵渠又称兴安运河，全长虽然不到80里，是一条小型运河，但因为它沟通了长江、珠江两大水系，因而地位十分重要。它不仅在秦朝，而且在以后两千多年中，都是内地和岭南的主要交通孔道，对促进南北交流，加快岭南开发，意义都非常重大。

秦朝灭亡后，刘邦建立了西汉。西汉建都长安，到刘邦的曾孙汉武帝在位时期，由于长安人口的不断增加，又要用兵匈奴和经营西域，中央政府的粮食需求量越来越大，终于供不应求了。为了解决这一问题，西汉政府一面在关中兴修水利，大力发展农业生产，就近取粮；一面改善水运条件，以便从当时主要产粮区——我国东南一带运粮入京。

当时，渭水虽然也能运粮，但它多沙，水道又浅又弯，运输能力很差。从长安东到黄河，陆路只有300多里，而曲曲弯弯的渭河水道竟达900多里。由于封冻和水量不足等原因，渭水一年中只有六个月可以勉强通航。渭河年运输量只有几十万石，而汉武帝每年要从东方调入几百万石粮食才够用。正当汉武帝为粮食急得寝食不安时，大司农郑当时建议在渭水之南凿一条径直的运粮渠道。汉武帝一听大喜，立即准奏。因这条渠道是运粮的，所以历史上把这条渠道称为漕渠。

漕渠工程动工于汉武帝元光六年（公元前129年），渠首位于长安城西北，引渭水为水源，经长安城南向东，与渭水平行，沿途接纳泬水（皂河）、浐水、霸水，以增加漕渠的水量。这些河水都发源于终南山，含沙量很小。漕渠穿过霸陵（治所在今西安市东北）、新丰（治所在今临潼县东北）、郑县（治所在今华县）、华阳（治所在今华阳县东南）等县，到渭水口附近与黄河汇合，全长300多里，历时三年完工。

汉武帝元狩三年（公元前120年），又在长安西南凿了一眼昆明池，周长40多里，将沣水、滈水拦蓄池内。凿昆明池除了用来操练水兵外，还可以调济漕渠水量，供应京城的生活用水。

漕渠的通航能力很高，一直是西汉中后期东粮西运的主要渠道，年运输量在400万石左右，最高年份达到600万石，约为渭水运量的10倍。

西汉亡国后，东粮不再西运长安，漕渠因年久失修而逐渐湮废了。

汉光武帝刘秀建立东汉后，定都洛阳，漕运工程的重点随之东移。洛阳虽有洛水可通黄河，但洛水大部分河段河床都很浅，不便航运。为了使粮船可以直达京师，决定开凿阳渠。除引谷水外，又引来了洛水干流。此后，来自南方、东方、北方等地的粮船，经邗沟、汴河、黄河等航道，再循洛水、阳渠，可在洛阳城下傍岸了。

从西汉后期到王莽统治时期，由于黄河一再决口，鸿沟水运体系已经支离破碎，有些运道完全断航。由丹水演变而来的汴河，航道也经常受阻。汴河是洛阳的主要粮道，在全国入京的租赋中，来自豫、兖、徐、扬、荆等州所占比重很大，多循汴河入京。因此，东汉朝廷非常重视对汴河的治理。

汉明帝永平十二年（69年）由王景、王吴主持的治河、治汴工程，成绩卓然。黄河泛滥是汴河堵塞的根源，治汴必须治河。治汴工程主要有改造渠口和筑堤、浚渠等。从荥阳到泗水，汴河全长800里，他们全面地建筑河堤，深挖河床。经过这次治理，汴河的漕粮能力大大提高了。

河北平原位于黄河下游北面，太行山之东，燕山以南，东临渤海。这里河流纵横，水道众多。南部多为黄河故道，由西南流向东北；中部之水源出太行山，多为西东流向；北部诸河发源燕山，为北南流向。这些河都流入渤海，流短水少，不便航运。不过，如能在各河之间凿渠沟通，将它们连缀起来，水源得到调剂和集中，航运效益便会大大提高。于是，曹操开凿了利漕渠。

邺城北控河北平原，南联中原腹地，地位重要，本是袁绍、袁尚父子的大本营。曹操消灭袁氏后，将自己的政治中心由许都（今河南许昌市）北迁

到这里。曹操重视对邺城的建设，为了发展这里的水路交通，特地开凿了一条利漕渠。

利漕渠开凿于汉献帝建安十八年（213年），以漳水为水源，经邺城向东到馆陶县西南与白沟衔接。白沟是当时河北地区重要的水上交通线，利漕渠凿成后，邺城因有白沟之利，对幽燕中北部的控制和对黄河以南的联系，都大大加强了。曹操死后，其子曹丕逼汉献帝禅位，建立了魏朝，中国历史进入了三国时期。

经过千百年的努力，到两汉时，我国的运河工程已经取得了很大的成就。东起沿海地区，西到关中，南起湘桂，北到幽燕，都有运河可通。这对促进各地区、各民族之间经济、文化的交流和边疆地区的开发，促进统一的多民族国家的形成和巩固，都起到了巨大的作用。

（四）海塘工程

我国江苏、上海、浙江三省市沿海地区自古就有潮灾。从浙北到苏北，地势低平，大部分地区潮灾严重。

苏北和浙北都属冲积平原。12世纪，苏北海岸线尚在今盐城县治到东台县治附近，后来，由于黄河和淮水泥沙的沉积，把大片海域变为平原，海岸线东

移了 100 多里。

在苏南，4 世纪，海岸线约在今嘉定县治到奉贤县治一线附近，由于长江和钱塘江的泥沙堆积，到 12 世纪，海洋后退了，海岸线东推到川沙、南汇一带。今日沪东的大部分土地都在这七八百年中淤积而成。

浙江绍兴萧山以北一带的情况也是如此。由于钱塘江泥沙的沉积和潮水对泥沙的搬迁，海岸线也在北推，平原也在扩大。

这些冲积平原海拔低，一般只有几米，有些地方甚至低于海平面二米。冲积平原土壤松软，含有丰富的有机质和矿物质，有利于农作物的生长。因此，当它成陆不久，人们很快就将它开发成高产农田了。

宋朝以来，松江、嘉兴等地成为我国重要的产粮区，即与此有密切的关系。又由于它濒临大海，具有优越的条件生产海盐，因此，苏北长期以来，都是我国海盐最重要的生产基地之一。钱塘江南北也是如此。

从浙北到苏北一带的沿海都有较大的涌潮，往往会淹没新淤成的土地，破坏盐灶。为了防止潮灾，苏、沪、浙沿海百姓修建了伟大的防潮工程——海塘。海塘在苏北称为海堤，在苏、松和两浙则称为海塘。这些工程，开始修建于秦、汉，后来不断发展，由短塘扩展为长塘，由土塘进步到石塘，终于形成一座海岸长城，北起江苏连云港，南到浙江上虞。

秦始皇三十七年（公元前 210 年），设钱唐县，治所在今杭州灵隐山脚。古代唐塘通用，唐即塘，也就是堤。以钱唐作县名，因为当时已有海塘。秦朝为征服涌潮，在钱塘江边修建海塘。《水经注·浙江水》转引《钱塘记》说钱唐县东一里左右，有一条防海大塘，名叫钱塘。

（五）水利科学

春秋战国时期活跃的学术氛围也推动了水利基础科学理论的蓬勃兴起，秦汉水利建设的高潮更为水利科学的形成创造了条件。司马迁在《史记·河渠书》

中赋予“水利”一词以专业含义，水利成为有关治河、防洪、灌溉、航运等事业的科学技术学科，将从事水利工程技术工作的专门人才称作“水工”，主管官员称作“水官”。水利学作为与国计民生密切相关的科学技术的应用学科由此诞生了。

在先秦时期的文献《周礼》、《尚书·禹贡》、《管子》、《尔雅》中，涉及水利科学技术的内容较多。基础性的理论纷纷提出，主要反映在水土资源规划、水流动力学、河流泥沙理论、水循环理论等。

秦汉水利建设形成了我国历史上第一次水利建设的高潮，有关水利的记载大批出现，水利科技的基础理论进一步深化。对后世影响最大的《史记·河渠书》是中国第一部水利通史，正是它确立了传统水利作为一个学科和工程建设重要门类的地位。

二、三国至唐宋时期

魏晋南北朝时期，群雄以黄河为主要战场，进行了长达三百年的混战，促使中原地区的官民大量南迁。这时，南方政权相对稳定一些，水利工程建设取得了一定进展。

随之而来的唐宋两朝，五百多年间，全国范围内出现了基本稳定的政治局面，为水利发展提供了有利的条件。防洪、灌溉、航运建设都取得了重大的成就。

安史之乱后，北方农业经济一度衰退，而南方继续稳定发展，全国经济重心南移了。

唐朝社会的开放风气和宋朝学术思想的活跃都为科学技术的进步创造了良好的条件。在历代水利建设经验积累的基础上，水利科学技术取得了长足的进步。中国古代传统水利技术发展到了高峰，位居世界水利技术的前列。

（一）防洪与治河

五代以前，黄河相对稳定一些，很少决堤。

五代至北宋，由于黄河泥沙多年淤积，河床抬高，黄河决堤溢洪现象日渐严重。

经过长期的泥沙淤积，王景、王吴治理的这条原来地势较低、河床较深的河道，又被逐渐地抬高了。到唐朝时，决口泛滥开始增多。

宋仁宗庆历八年（1048 年），河决濮阳，终于发生了一次重大的改道，黄河向北流经馆陶、临清、武城、武邑、青县等地，至今天津入海。

这时，和朝廷两派大臣政治斗争一样，防洪方略也存在着严重的分歧，突出表现在关于黄河东流与北流的争论，使防洪问题更加复杂了。

宋高宗建炎二年（1128年），金兵南下，东京留守杜充妄图用河水阻挡，决开黄河南堤。军事目的并未达到，却酿成豫东、鲁西、苏北的特大水灾。黄河下游河道再一次大迁徙，夺泗水、淮水河道，与泗、淮合流入海。这条由人工决口形成的黄河下游新道问题很多，从决口到泗水一段系在泛滥中形成，河床很浅，极易泛滥成灾；泗水以下一段河道狭窄，又有徐州洪、吕梁洪之险，很难容纳下黄河汛期的洪水。

当时，宋金南北割据，淮河成了南北分界线，治理黄河根本不可能了。防洪治河的重任只得留待后世王朝来完成了。

（二）灌区兴建

秦汉以前，我国经济重心主要在黄河流域。其后，基本经济区逐渐向南方扩展了。

三国至南北朝时期（约公元3世纪–6世纪），淮河中下游成为继黄河流域之后的又一基本经济区。

隋唐宋时期（约公元7世纪–13世纪），长江流域和珠江流域的经济地位日渐突出。其中，长江中下游已成为全国的经济中心。人们常说："国家根本，仰给东南。"指的就是这里。

随着经济区的扩展，水利建设也取得了长足的进步。

圩田是太湖以及长江中下游地区农田的主要灌溉排水形式，到唐朝末年时已有相当大的规模了。圩田是在滨湖和滨江低地兴修的一种水利工程形式，四周围以堤防，与外水隔开。其中建有纵横交错的灌排渠道，圩内与圩外水系相通，但其间用闸门隔开，利用开闸或关闸控制引水和排水，对天然降水不均的情况起到重要的调节补充作用。因此，人们称之为"以沟为天"。北宋范仲淹曾描述圩田说："江南旧有圩田，每一圩方数十里，

如大城，中有河渠，外有门闸。旱则开闸引江水之利，涝则闭闸拒江水之害。旱涝不及，为农美利。”

除圩田外，灌溉工程在全国普遍兴建。唐朝浙江鄞县的它山堰是在奉化江支流鄞江上拦河筑坝的引水工程。拦河坝隔断了顺鄞江逆流而上的海潮，积蓄了上游淡水，从而达到“御咸蓄淡”、引水灌田和向城市供水的目的。

唐宋时期，灌溉提水机械和水力加工机械都有很大的发展，其中用水力驱动的灌溉筒车和主要用于粮食加工的水碾、水磨等在黄河、长江、珠江等流域得到了普遍应用。

太湖流域是以太湖为中心，包括江苏省南部、浙江省北部和上海市大部分地区。它西起茅山和天目山，东临东海，北滨长江，南濒杭州湾，总面积三万六千多平方千米。

早期，太湖流域被认为是全国最差之地。《禹贡》将全国分为九州，并定出每州的等级，最好的是“上上”，最差的为“下下”，共定九等。当时，太湖流域属“下下”等。而到宋朝时期，以苏、杭二州为中心的太湖流域地位急剧上升，被认为是全国最好的地方，是“人间天堂”。这都是兴修水利工程的结果。

太湖流域的农业需人工灌溉，特别是占流域面积22%的山区和丘陵区的农业。因此，隋唐两宋时期，这里修建了好多陂塘等蓄水工程，多达十几处，其中最重要的就是钱塘湖。

钱塘湖即西子湖，也就是现在的杭州西湖。

西湖由大诗人白居易主持凿建，它以江南河为灌溉干渠，灌溉钱塘（今杭州市）、盐官（今海宁县）一带农田四千多顷。

太湖流域虽然有许多自然河道可资排洪，如松江、娄江（浏河）和江南大运河。但是，由于太湖流域62%的地区为平原和洼地，而台风暴雨又来势凶猛，洪水仍然无法及时排出，洪涝之害大大超过旱灾。这就有必要修建更多的以排洪为主的工程。

隋唐两宋时期，在太湖流域修建的、对排洪有重要意义的水道数量很多，有唐朝的元和塘、孟渎、泰伯渎、汉塘和宋朝的至和塘等。除这些主要的水道外，还以这些主要水道为干道，建成了众多的泾浦，也就是小河道。这样，太湖流域的水道密如蛛网，真的成了水乡泽国了。

圩田虽不能抗御大旱大涝，但对一般水旱有自卫能力，其经济效益远远高于普通农田，它是水乡人民伟大的创造。南宋时，太湖流域圩田分布就已经很广，在今苏州、吴江、常熟、嘉定等县市即有1500多圩田。河网化和圩田化建设促进了太湖流域农业生产的发展，终于成了国家粮食的主要供应地。

（三）运河开凿

内河航运是古代实现政治统一、经济发展和文化交流的主要交通渠道。

长安位于八百里秦川的中心，土地肥沃；平原四周又有大山环抱，退可以守，进可以攻。因此，隋文帝杨坚结束魏晋南北朝的分裂局面后，便以长安作为帝国的都城。

但是，魏晋南北朝时期政局动荡，关中经济遭到破坏，已经难以与盛极一时的西汉相比了。

西汉时，仅郑白渠即可灌溉农田四万多顷。魏晋南北朝时，这里有许多灌溉工程因无暇维修而湮废。因此，隋文帝定都长安后，仰仗东粮西运的程度远远超过了西汉。西汉时，因渭水运量很少，曾凿过一条名叫漕渠的运河。后来，东汉定都洛阳，粮食要西运到洛阳，漕渠由于年久失修，终于报废了，隋文帝只好开新渠。

隋文帝开皇元年（581年），隋文帝命大将郭衍为开漕渠大监，凿渠引渭水，经大兴城（长安城）北，东至潼关，全长400余里，名曰“富民渠”。

富民渠虽然发挥了重要的作用，但因仓促完工，渠道又浅又窄，航运能力有限，难以满

足日益增加的东粮西运的需要。

隋文帝开皇四年（584年），隋文帝下令再次动工，对富民渠加以改建。这次改建，要求凿得又深又宽又直，可通巨舫。舫是一种两舟相并的船，体积大，运粮多。改建工程由杰出的工程专家、大兴城的设计者宇文恺主持。在上下共同努力下，工程进展顺利，当年即竣工了。

此渠自大兴城至潼关，全长300余里，命名为广通渠。广通渠的运量大大超过旧渠，因此也就大大地缓和了关中地区粮食的紧张情况。隋文帝开皇五年（585年），关中大旱，但旱而无灾，全靠这条河运来的粮食。

从潼关以东运粮进入关中，广通渠以东一段水路是走黄河。黄河有三门峡之险，两个石岛兀立河心，人称中流砥柱，形成神门、鬼门、人门三条险道，故称三门峡。神、鬼二门无法通舟，人门虽可勉强航行，但风险极大，经常船毁人亡。于是，隋文帝于开皇十五年（595年）下令凿毁砥柱。由于当时科学技术条件有限，工程无法进展，只得半途而废。

隋炀帝继位后，认为关中与山东、江南、河北等地距离太远，立即下诏营建东都洛阳，接着又陆续降旨开凿以东都为中心，通向江淮、河北等地的大运河，以加强对这些主要经济区的联系和控制。

隋炀帝大业元年（605年），隋炀帝下令开凿通济渠。通济渠分西、中、东三段：

西段以东都洛阳为起点，以洛水及其支流谷水为水源，在旧有渠道阳渠和自然水道洛水的基础上扩展而成，到洛口与黄河汇合。由于古阳渠又称通济渠，人们就把这一名称由西段扩大到了中段和东段了。

中段以黄河之滨的板渚（今河南荥阳西部）为起点，引黄河水作水源，向东到浚仪（今河南开封市）。这一段原是汴渠上游，隋朝加以浚深和拓宽。

东段另凿新渠，浚仪以下与汴渠分流，东南走向，经宋城（今河南商丘县南）、永城、夏丘（今安徽泗县）等地到睢眙注入淮水。浚仪以下不再利用汴河

旧道而是另开新渠，一因汴河东段的位置偏北偏东，隋炀帝南巡江都和南粮北运进京时都过于绕远；二因从汴河入淮必须取道泗水，而泗水航道曲折，又有徐州洪、吕梁洪之险，经常翻舟。而浚仪到睢眙地势比较平缓，河床比降适度。新渠东接邗沟后，便可一帆风顺地到达江都了。

隋炀帝大业元年（605 年）三月，通济渠动工，到八月即交付使用了。通济渠工程浩大，施工时间仅为半年，不能不说是古今中外运河史上的奇迹，它反映了我们祖先无与伦比的创造力。当然，他们付出的代价也是非常惨重的。由于凿渠和造船劳累过度，约有 50 万人献出了宝贵的生命。古人评价隋炀帝开运河的功过时说："在隋之民不胜其害也，在唐之民不胜其利也。"

通济渠凿成后，与邗沟一起成为黄河、淮河、长江三大流域的交通大动脉，南来北往的舟楫多走这一水路。

隋炀帝在洛阳周围建了许多大型粮仓，如洛口仓（又名兴洛仓）、回洛仓、河阳仓、含嘉仓等。这些粮仓都储有大量粮食，其中的绝大部分便是经通济渠从江淮一带运来的。

在隋朝，今河南省东北部、山西省东南部和河北省大部，是一个经济发达、人口众多的地区。隋朝推行租庸调制，按户、丁征收粟帛，征发劳力，户多丁多，上调的粟帛也多。这就需要有一条粮帛南运进京的水道。另外，隋炀帝着意开拓边疆，穷兵黩武，积极准备用兵辽东，确定涿郡（今北京市）为征辽基地，要将大量的军用物资和军事人员北运，这也需要有一条从东都到涿郡的军需供应线。因此，隋炀帝在完成通济渠之后，决定在黄河以北开凿一条航运能力较大的运河，这就是永济渠。

大业四年（608 年），隋炀帝下诏征发河北诸郡男女百余万，开凿永济渠，引沁水南达黄河，北通涿郡。

唐朝，大运河的主要作用是运输各地粮帛进京。唐朝前期，南方租、调由当地富户负责北运，沿江水、运河直送洛口，然后再由洛口转输入京。这种漕运制度，由于富户想方设法逃避，沿途又无必要的保护，再加上每条船很难适应长

江、汴河、黄河的不同水情，因此事故多，损耗大，每年都有大批舟船沉没，粮食损失高达20%左右。再者，运期过长，从扬州到洛口费时长达九个月。安史之乱后，这些问题更为突出了。唐朝后期，对漕运制度进行了一次重大的改革。唐代宗广德元年（763年）开始，刘晏提出了新的漕运制度，用分段运输代替直运。规定江船不入汴河，江船之运堆积在扬州；汴船不入黄河，汴船之运堆积在河阴（今郑州市西北）；黄河之船不入渭水，河船之运堆积在渭口；渭船之运入太仓。不仅如此，还规定承运工作要雇专人承担，并组织起来，十船为一纲，沿途派兵护送等。分段运送后，效率大为提高，从扬州至长安，40天即可到达，损耗也大幅度下降。

大运河除漕运租、调外，还促进了沿线许多商业城市的繁荣。如扬楚运河（即隋朝的山阳渎）南端的扬州和北端的楚州（治所在山阳县，今为淮安市），汴河上的汴州（今开封市）和宋州（今商丘市），永济渠上的涿郡等。

扬州位于扬楚运河与长江的汇合处，公私舟船，南来北往时都要经过这里。于是，这里成了南北商人的集中地，南北百货的集散地。在全国州一级的城市中，位列第一，超过成都和广州。

汴州位于汴河北段，可经过济水东通齐鲁，可经永济渠北联幽冀，可经黄河直达秦晋，迅速发展成黄河中下游的大都会。因为它是一个水运方便的繁华城市，后梁、后晋、后汉、后周、北宋五代都建都于此。

后梁、后晋、后汉、后周、北宋都定都汴州，称之为汴京。北宋历时较长，为进一步密切京师与全国各地经济、政治的联系，修建了一批向四方辐射的运河，形成新的运河体系。它以汴河为骨干，包括广济河、金水河、惠民河，合称汴京四渠。并通过四渠，向南沟通了淮水、扬楚运河、长江、江南河等，向北沟通了济水、黄河、卫河（其前身为永济渠，但南端已东移至卫州境内）。五代时，北方政局动荡，对农业生产影响很大。而南方政局比较稳定，农业生产仍在持续发展。北宋时，对南粮的依赖程度进一步提高，汴京每年调入的粮食

高达 600 万石，其中大部分是取道汴河的南粮。汴河是北宋南粮北运的最主要水道，因此，北宋政府特别重视这条水道的维修和治理。汴河以黄河水为水源，而河水多沙，自隋经唐到宋，经几百年的沉积，河床已经高出地面很多，汴河极易溃堤成灾。北宋朝廷见汴水无情，便组建了一支维修专业队，负责平时汴河的维修和养护。汴河一有大汛，就立即出动禁军防汛。大修时，发动沿河百姓参加。

为了巩固堤防和利用汴水冲刷河中积沙，河工特地在汴河两岸埋下了 600 里的木柱排桩，将汴河束窄到可以冲沙的地步，开了后来“束水攻沙”的先河。

（四） 海塘工程

东晋咸和年间（326 年 –334 年），吴内史虞潭在长江三角洲前沿修建海塘，是我国有确切记载的最早的海塘建筑。

隋唐时期，随着苏、沪、浙沿海一带的开发，这里的人口和耕地面积日益增加，涌潮所造成的损失也日益严重了。于是，防潮工程越来越引起人们的重

视，在钱塘江北岸到长江南岸建成了一条长 124 里的捍海塘，南起盐官（今浙江海宁），经平湖、金山、华亭（今上海市松江县）、奉贤、南汇，北至吴淞江口。这是一条我国古代较早较长的海塘，捍卫着浙、沪间易受涌潮之害的城镇和农田。

唐代宗大历年间（766 年 –779 年），淮南黜陟使李承在苏北也筑了一条比较重要的捍海堤。它南起通州（治所在今南通市），北至盐城，长 142 里，保护民田和盐灶，定名常丰堰。

此外，为了抗御海潮，在海州也筑了一条永安堤，长 7 里。

自秦汉到隋唐是我国海塘的初建阶段，基本上都是土塘，或者在海岸附近夯筑泥土为塘；或者像筑墙一样，用版筑法建造。这种土塘修建起来比较容易，可以就地取土，省工省力，技术也比较简单，但禁不起大海潮的冲击，必须经常维修。

从五代到南宋末年，苏、沪、浙的海塘有了进一步的发展。五代后梁开平四年（910 年），吴越王钱镠在杭州候潮门外和通江门外，编竹为笼，将石块装在竹笼内码于海滨，堆成海塘，再在塘前塘后打上粗大的木桩加固，还在上面铺上大石。这种新塘称石囤塘，不像土塘那样禁不起潮水的冲击，比较坚固。但是，新塘的竹木容易腐朽，必须经常维修；同时，散装石块缺乏整体性能，无力抵御大潮。人们不断地摸索着并加以改进，终于有了正式石塘的兴建。

较早正式修建石塘的是杭州府知府余献卿。他于宋仁宗景祐三年（1036 年），在杭州钱塘江岸建了一条几十里的石塘。这是壁立式石塘，用条石砌成，整体性较好，远比土塘、石囤塘坚固。但因此塘在江边壁立，直上直下，受到涌潮冲击时不能分散潮力，易被冲毁。

几年后，即宋仁宗庆历四年（1044 年），转运使田瑜等人在余塘的基础上进行了较大的改动，在杭州东面的钱塘江岸建成了两千多丈的新石塘。它用条

石垒砌，高宽各四丈，迎潮面砌石，逐层内收，形成底宽顶窄的塘型。塘脚以装石竹笼保护，防止涌潮损坏塘基。石塘背面衬筑土堤，用以加固石塘，并防止咸潮渗漏。

余献卿、田瑜等人在杭州附近修建石塘不久，任鄞县（治所在今宁波市）县令的王安石也在钱塘江南岸的部分地区修建坡陀塘，用碎石砌筑，砌成斜坡，其上再覆以斜立长条石。这种石塘有消减水势的作用。

北宋时期，还在苏北沿海修建了著名的“范公堤”。当时，唐朝李承修的通州至盐城旧堤已经坍毁。宋仁宗天圣元年（1023 年），范仲淹出任泰州西溪盐官，建议修复并扩建旧堤，得到转运使张纶的支持。在范、张两人相继主持下，工程顺利完工，南起通州，中经东台、盐城，北至大丰县，全长 180 里，人称“范公堤”。

北宋至和年间（1054 年 –1056 年），海门知县沈起又将范公堤向南伸展 70 里，人称“沈公堤”。

范公堤和沈公堤捍卫了苏北的农田及盐灶，受到历代的重视。

南宋在海塘的建设方面也取得了许多成就，宋宁宗嘉定十五年（1222 年），浙西提举刘垕在当地创立了土备塘和备塘河，即在石塘内侧不远处再挖一条河道，叫备塘河。将挖出的土在河的内侧又筑一条土塘，人称土备塘。备塘河和土备塘平时可使农田与咸潮隔开，防止土地盐碱化；一旦外面的石塘被潮水冲坏，备塘河可以容纳潮水，并使之排回海中。这样，土备塘便成了防潮的第二道防线，可以拦截威力不大的海潮。

（五）水利科学

在三国至唐宋这一历史时期，水利基础理论的进步主要反映在水利测量、河流泥沙运动理论以及洪水特征和规律的认识等方面。

我国至迟在唐朝就开始应用水准测量仪了。北宋年间，水位测量已在各地执行，并

据以推算流量。宋金时期，对汛期水流特征和涨落规律也有形象的规律性描述。

这一时期防洪、农田水利和航运等工程技术普遍有所创新，并达到了传统水利技术的高峰。

这一时期，水利的管理也有长足进步。现存最早的全国水利法规是唐朝制定的《水部式》。这是由中央政府颁布的全国性法规，内容主要包括农田水利管理，碾磨设置及用水管理，航运船闸和桥梁的管理维修，渔业及城市水道管理等。

王安石变法时，对于兴修水利特别重视。宋神宗熙宁二年（1069 年），曾颁布《农田水利约束》，这是中央政府为促进兴修农田水利工程而颁布的政策性法令，对各地兴修农田水利的组织审批方式、经费筹集、责任和权利分担、建议人与执行官吏的奖赏等，都有具体明确的规定，对于推动农田水利高潮的兴起发挥了重要的作用。

三、元明清时期

在元明清时期，社会相对安定，较少发生长期的战乱，为水利的稳定发展创造了有利的条件。这一时期的水利工程，有黄河防洪工程建设、向边疆和山区继续发展的灌溉与排水工程、沟通南北的京杭大运河、滨海沿岸地区防御潮灾的海塘。其中最为著名的是京杭大运河和浙东钱塘江的重力结构的鱼鳞大石塘。

但是，在封建社会后期，由于政治腐败，管理混乱，严重地阻碍了水利的进步。

这一时期，总结性的水利科学著作相当丰富。明清之际和清朝末年曾一度引进西方水利技术，但并未得到普遍的应用。

（一）防洪与治河

这一时期，黄河含沙量过高，致使下游河床淤积抬高，给防洪带来了许多困难。

自汉朝起，就有人提出利用黄河自身的水流冲刷下游河床淤积的泥沙，但未能就此探讨出可以实行的工程技术方案。

明朝万历年间，主管防洪的总理河道潘季训总结前人的认识，系统提出“束水攻沙”的理论以及实现这一理论的实施方案。

这个系统堤防工程由缕堤、遥堤和格堤、月堤几部分组成。

缕堤在主流约束水流，提高流速，便于冲刷河床中积淤的泥沙。

遥堤在缕堤之外，距缕堤二三里，为的是洪水涨过缕堤时，防止洪水四处泛滥。为了防止特大洪水冲坏遥堤，还在某些地段的遥堤上建有溢

洪坝段。

“束水攻沙”在理论上的贡献是杰出的，潘季训所设计的一系列工程措施发挥了有益的作用，但并未达到刷深河床、解决防洪的目的。

当年，黄河在淮阴一带夺淮入海，黄河河床和水位的抬高形成对淮河的压抑，不仅使淮河洪水排泄困难，并逐渐在淮阴以西造成了一个洪泽湖。

最后，黄河还将淮河入海的河道淤塞，而压迫淮河由三河闸改道入江，简直使淮河快成为长江的一个支流了。

向东入海的黄河与南北方向的运河交叉，运河一度依靠黄河之水，但黄河泛滥或淤积过多的泥沙时，运河便要中断。

康熙十六年（1677 年），虽然“三藩之乱”尚未平定，清政府还是任命靳辅为治河总督，负责治理黄河和运河。

靳辅的幕僚陈潢重视调查研究，知识渊博。在治河方面，他虽强调筑堤的作用，但又力主治河方法多样化，认为必须因地制宜，或疏、或蓄、或束、或泄、或分、或合。后来，他甚至提出阻止黄河上中游泥沙下行是治河之本，这是后代水土保持的先声。这一思想虽然当时未被人们所重视，但他的其他治河主张，却被靳辅在治河实践中采用了。

靳辅、陈潢治河的主要措施与潘季训基本相同，即筑堤束水，以水攻沙。但筑堤范围要比潘氏广泛，除修复潘氏旧堤外，又在潘氏不曾修建的河段加以修建。如河南境内，他们认为“河南在上游，河南有失，则江南（原文为南字，当为北字之误）河道淤淀不旋踵”。因此，在河南中部和东部的荥阳、仪封、考城（仪封和考城现已并入兰考）等地，都修建了缕、遥二堤。又如在苏北云梯关（今滨海县）以东，潘氏认为这里地近黄海，不屑于修建河堤。而靳、陈认为“治河者必先从下流治起，下流疏通，则上流自不饱涨”，因此修建了 18000 丈束水攻沙的河堤。

靳、陈治河除上面所说的与潘氏有异同外，还在许多方面超过了潘氏。潘氏只强调筑堤束水、以水攻沙，而靳、陈除了强调束水攻沙外，又十分重视人

力的疏导作用。他认为三年以内的新淤，比较疏松，河水容易冲刷，而五年以上的旧淤，已经板结，非靠人力浚挖不可。

他们不仅注意人力浚挖，还总结出一套“川”字形的挖土法。在堵塞决口以前，在旧河床上的水道两侧三丈处，各开一条宽八丈的深沟，加上水道，成为“川”字形。堵决口、挽正流后，三条水道很快便可将中间未挖的泥沙冲掉。“川”字形挖土法，可减轻挖土的工作量，挖出来的泥沙，又可用来加固堤防。

在疏浚河口时，他们还创造了带水作业的刷沙机械，系铁扫帚于船尾，当船来回行驶时，可以翻起河底的泥沙，再利用流水的冲力，将泥沙送入深海中。这是我国利用机械治河的滥觞。

靳、陈等人经过10年的努力，堵决口，疏河道，筑堤防，取得了可喜的成绩。以筑堤为例，累计筑了1000多里。这样，不仅确保了南北运河的畅通，也为豫东、鲁西、冀南、苏北的复苏创造了条件。

（二）灌区兴建

元明清三代政权相对稳定，农田水利呈平稳发展局面。

元朝时，蒙古族的游牧生活逐渐被内地发达的物质文明所同化。为了搞好农田水利，元廷专设了“都水监”、“河渠司”等水利机构，推动水利建设，并一再颁行《农桑辑要》等农业技术书籍，指导农业生产。

明太祖朱元璋也大力提倡农田水利。据洪武二十八年（1395年）统计，全国共兴建塘堰四万九百八十七处，河渠四千一百六十二处，陂渠堤岸五千零四十八处。

这一时期农田水利工程主要由地方或民众自办，以小型为主。由政府或军队主持的农田水利项目主要有畿辅营田（在今河北省），为的是促进京畿地区的农业发展，以减少南粮北运的负担。

随着边防的巩固，边疆水利亦有了较大的发展。其中，清前期的宁夏河套灌区建设，清

中后期的内蒙河套灌区和新疆地区灌溉等成绩突出。台湾和沿海的福建、珠江三角洲的农田水利取得了重大的发展。

明朝时，宁夏是边防要地。当时，东起辽东，西到陇西，明长城沿线驻有大军，设了九个军事重镇。其中，宁夏一地就占了两个，即宁夏镇和固原镇：宁夏镇的治所在今银川市，固原镇的治所在今固原县。

明朝推行军屯制度，在边镇驻兵中，有十分之四的人负责戍卫，十分之六的人负责屯田。

为了屯田需要，明军在宁夏平原大兴农田水利，既维修旧渠，又开凿新渠。

明孝宗弘治七年（1494 年），在宁夏凿渠道 300 多里。明世宗嘉靖年间（1522 年 –1567 年），新渠和旧渠灌田即达 13000 多顷了。

清朝，宁夏平原的水利建设也有不小的成绩。康熙、雍正、乾隆三代，相继开凿了大清、惠农、昌润等一批重要的渠道。这样，宁夏平原上新旧渠道有三十多条，再加上大大小小的支渠，可谓密如蛛网。其中有十条较为重要，号称“宁夏十大渠”。这十大渠有三条在河东灌区，即秦渠、汉渠和天水渠；五条在河西灌区，即汉延渠、唐来渠、大清渠、惠农渠和昌润渠；两条在卫宁灌区，即由蜘蛛渠演变而来的美利渠和七星渠。

元明清三朝在我国北京建都，关中的政治地位下降，政府不像汉、唐两代那样大力建设这里的水利了。再加上泥沙的淤积越来越严重，关中水浇地的面积逐渐缩小了。

元朝，由于泾水继续刷深河床，泥沙不断淤高渠底，引水渠口只好一再上移。

到了明朝，除引泾工程外，还开发了引渭工程。明宪宗成化年间（1465 年 –1487 年），开凿了通济渠。此渠西起宝鸡，东到武功，全长 210 里，还配备了南北走向的四条支渠，可灌溉田地 1600 多顷。

清朝，关中水利情况发生了很大的变化。由于泾水、渭水、洛水等河流含沙量都很高，以这些河流作为水源的灌区沙害越来越重，灌渠引水也越来越困难。于是，人们只好放弃引泾、引渭、引洛等大型水利工程，而去开辟新水源。

关中百姓开始用泉水和山溪水灌溉田地。泉水、溪水的流量毕竟有限，因此这些灌溉工程规模都很小，抗旱力也很弱。

（三）运河开凿

在元明清三朝，由于建都北京，政治中心移到北方，而经济重心却在南方。

太湖流域是元明清三代全国经济、文化最发达的地区。自宋朝起，太湖流域便成为我国最重要的产粮区，有“苏湖熟，天下足”的说法。

元朝初年，曾一度依靠海运联系南北，但安全是个严重问题，船毁人亡是常事。

当时，还有一条联系南北的水路，是将江南的粮食装船，沿江南运河、淮扬运河（扬楚运河）、黄河、御河（卫河，相当于永济渠中段）、白河抵达通州。这条运道问题较多。黄河为西东走向，北上粮船须向西绕到河南封丘，航程很远，而从封丘到御河，还有200多里，无水道可用，必须车运，道路泥泞时，车行极为困难。这样，如果重复唐宋的老路来连接南北，则过于迂回曲折。

南北之间的交通联系是维护政治安定和经济发展的关键问题。元朝统治者迫切需要有一条又直又安全的水道，从江南直达大都。

为实现这一愿望，关键问题是山东地区能否开凿运河。只要在这里凿出一条渠道，南北直运问题便可迎刃而解了。

于是，开凿北京直达杭州的大运河就成为当务之急了。

在大科学家郭守敬主持下，一些熟悉水利的大臣论证了海河水系的卫河、黄河下游、淮河、泗水沟通的可能性，并进行大范围的以海平面为基准的地形测量。最后，证实跨越山东的京杭大运河的方案是可行的。

得出肯定的答案后，忽必烈下令，从至元十三年（1276 年）开始，征发大批民工，开凿京杭大运河的关键河段——今山东济宁至东平的一段，然后又向北延伸，与海河水系的卫河相通。

京杭大运河始建于元朝，完善于明朝，到清朝时仍是南北交通最重要的干线。它北起全国政治中心大都（今北京市），南到太湖流域的杭州。

至元二十八年（1291 年）到三十年（1293 年），三年间，在郭守敬的主持下，开通了今北京至通县的一段。至此，大运河南接江淮运河，航船可以跨越海河、黄河、淮河、长江和钱塘江五大水系，由杭州直抵北京，并在此后 500 年的时间里成为我国南北交通的大动脉。这条长达 3600 里的运河成为世界上最长的一条人工运河，是世界水利史上的一项杰作。

为了让南粮直达大都城，郭守敬做出了巨大的贡献。

隋朝时，今北京一带本有一条永济渠。但永济渠的北段主要由桑干水改造而成，而桑干水的河道摆动频繁，史称无定河。唐朝时，由于桑干水改道，永济渠已经通不到涿郡（今北京）了。金朝，中都（今北京市）有一条名叫“闸河”的人工河道，由都城东到潞河，可以运粮。金朝后期，迫于蒙古大军的威胁，迁都洛阳，闸河便逐渐淤塞了。

元朝初年，为了解决大都——通州间的粮运问题，至元十六年（1279 年），郭守敬在旧水道的基础上，拓建了一条重要的运粮渠道，叫阜通河。

阜通河以玉泉山水为主要水源，向东引入大都，注于城内积水潭。再从积水潭北侧导出，向东从光熙门南面出城，连接通州境内的温榆河，温榆河下通白河（北运河）。

玉泉山水的水量太少，必须严防泄水。运河河道比降太大，沿河必须设闸

调整。于是，郭守敬于40多里长的运河沿线建了七座水坝，人称“阜通七坝”，民间称这条运河为“坝河”。

坝河的年运输能力约为100万石，在元朝，它与稍后修建的通惠河共同承担由通州运粮进京的任务。

元朝初年，还凿了一条名叫金口河的运道。金口河开凿于金朝，后来堵塞了。在郭守敬主持下，于至元三年（1266年）重新开凿。它以桑干水为水源，从麻峪村（在今石景山区）附近引水东流，经大都城南面，到通州东南的李二村与潞河汇合。这是一条以输送西山木石等建筑材料为主的水道，是从营建大都的需要出发的。

当初，元朝实行海运、河运并举。由于海运船小道远，运量不大；而河运又有黄河、御河间一段陆运的限制，运量也很少。两路运到通州的粮食总计100多万石，由通州转运入京的任务，坝河基本上可以承担。

后来，海运技术不断改进，采用了可装万石粮食的巨舶运粮，还摸索出比较直的安全海道，再加上济州、会通两河的开凿，运到通州的漕粮大量增加。这样，大都、通州之间仅靠坝河转运已经远远不够用了。于是，郭守敬主持开凿第二条水运粮道——通惠河。

至元二十九年（1292年），新河工程正式开工。郭守敬通过实地勘察，见大都西北山麓一带山溪和泉水很多，便将它们汇集起来，基本解决了新河的水源问题。他从昌平县白浮村开始沿山麓和地势向南穿渠，大致与今天的京密水渠并行，沿途拦截神山泉（白浮泉）、双塔河、榆河、一亩泉、玉泉等水，汇集于瓮山泊（今颐和园昆明湖）。瓮山泊以下，利用玉河（南长河）河道，从和义门（今西直门）北面入城，注于积水潭中。以上这两段水道是新河的集水和引水渠道，瓮山泊和积水潭是新河的水柜，为新河提供了比较稳定的水量。积水潭以下为新运河的航道，它从潭东曲折斜行到皇城东北角，再折而向南沿皇城根直出南城，沿金代的闸河故道向东，到高丽庄（通县张家湾西北）附近与白河汇

合。从大都到通县一段，因河床比降太大，也为了防止河水流失，特地修建了11组复闸，共有坝闸24座。为了保证航运畅通，这24座坝闸都要派遣闸夫、军户管理。这些坝闸，开始时都是用木料制作的，因运行良好，后来都改成永久性的砖石结构了。

由引水段和航运段组成的这条新运河有320多里。经过一年多的施工，主体工程建成后，忽必烈赐名“通惠河”。通惠河建成通航后，大都的粮运问题终于解决了。积水潭成为大都城内的重要港口，舳舻蔽水，帆樯如林，盛况空前。

明朝时，对大运河的关键河段会通河进行了治理。

当初，会通河仅指临清——须城（东平）间的一段运道。明朝时，将临清会通镇以南到徐州茶城（或夏镇）以北的一段运河都称会通河了。会通河是南北大运河的关键河段。

明洪武二十四年（1391年），黄河在原武（河南原阳西北）决口，洪水夹带泥沙北上，会通河三分之一的河段被毁。于是，大运河中断，不能运粮北上进京了。

永乐元年（1403年），朱元璋四子朱棣定都北平，易名为北京，准备将都城北迁。永乐皇帝鉴于海难频发，海运安全毫无保证，为解决迁都后的北京用粮问题，决定重开会通河。

永乐九年（1411年），永乐皇帝命工部尚书宋礼负责施工，征发山东、徐州、应天（今南京）、镇江等地30万民夫改进分水枢纽，疏浚航道，整修坝闸，增建水柜。

元朝的济州河以山东省的汶水和泗水为水源，先将两水引到任城，然后进行南北分流。由于任城不是济州河的最高点，真正的最高点是其北面的南旺，因此，用任城分水时，南流的水偏多，北流的水偏少，以致济州河北段河道浅狭，只能通小舟，不能通大船。宋礼治理运河时，仍维持原来的分水工程，又采纳熟悉当地水文的汶上老人白英的建议，在戴村附近的汶水河床上筑了一条

新坝，将汶水余水拦引到南旺，注入济州河。这样，济州河北段随着水量的增多，通航能力也就大幅度地提高了。几十年后，人们完全放弃了元朝的分水设施，将较为丰富的汶水全部引到南旺分流，并建了南北两坝闸，以便更有效地控制水量。大体上说为三七开，三分南流汇合泗水，七分北流注入御河。人们戏谑地称之为“七分朝天子，三分下江南”。

接着，将被黄河洪水冲毁的一段运道改地重新开凿。旧道由安山湖西面北注卫河，新道改从安山湖东面北注卫河。这样，黄河泛滥时，有湖泊容纳洪水，可以提高运河水道的安全保障。另外，这里的地势西高东低，便于引湖水补充运河水量。

为了让载重量稍大的粮船也可以顺利通过，宋礼展宽并浚深了会通河的其他河道：拓宽到 32 尺，挖深到 13 尺。

南旺湖北至临清 300 里，地降 90 尺。南至镇口（徐州对岸）290 里，地降 116 尺。会通河南北的比降都很大。为了克服河道比降过大给航运造成的困难，元朝曾在河道上建成 31 座坝闸。这次明朝除修复元朝的旧坝闸外，又建成 7 座新坝闸，使坝闸的配置更为完善，进一步改进了通航条件。由于会通河上坝闸林立，因此，明人又称这段运粮河为“闸漕”。

除上述工程外，为了更好地调剂会通河的水量，宋礼等人“又于汶上、东平、济宁、沛县并湖地”，设置了新的水柜。

经过明朝初年的全面治理，会通河的通航能力大大提高，年平均运粮至京的数量，由以前的几十万石，猛增到几百万石。这也加强了永乐皇帝迁都北京的决心。不久，他宣布停止取道海上运输南粮北上京城。

南宋初年，为了阻止金兵南下，杜充命令宋军掘开了黄河大堤。从此，黄河下游南迁，循泗水、淮河的水道入海。于是，在元、明两代，南北大运河从徐州茶城到淮安一段，便利用淮河水道作为运粮之道了。人们称这段长约 500 里大运河为“河运合

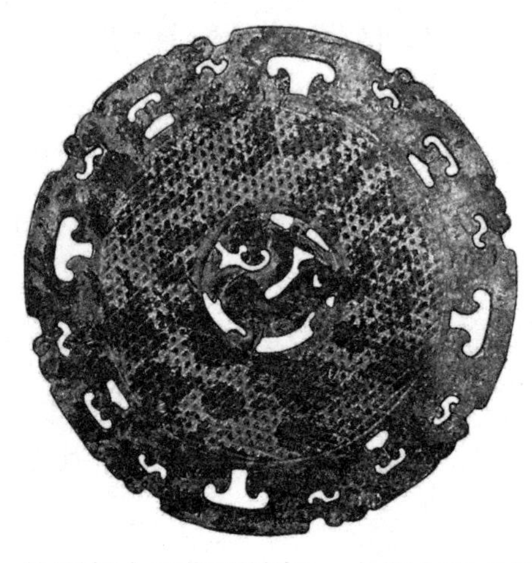

槽”或“河淮运合槽”。由于黄、淮水量丰富，运道无缺水之患。但黄河多泥沙，汛期又多洪灾，也严重威胁着航运。黄河对于运河既有大利，也有大害，因此人们说“利运道者莫大于黄河，害运道者亦莫大于黄河”。

元、明两朝，黄河下游南迁日久，河床淤积的泥沙与日俱增，经常决口，对于运河已经发展到害大于利的地步了。于是，从明朝中后期到清初，人们在淮北地区开凿了一批运河新道。

嘉靖五年（1526年），黄河在鲁西曹县、单县等地决口，冲毁了昭阳湖以西一段运河。南北漕运被阻，明廷决定开凿新河，于嘉靖四十六年（1567年）完工。这段新河，北起南阳湖南面的南阳镇，经夏镇（今微山县治所）到留城（已陷入微山湖中），长140里，史称夏镇新河或南阳新河。旧河在昭阳湖西，原属会通河南段，易受黄河泛滥冲击。新河在湖东，有湖泊可容纳黄河溢水，比较安全。

明穆宗隆庆三年（1569年），黄河在沛县决口，徐州以北运道被堵，两千多艘北上的粮船被阻于邳州（治所在今睢宁西北）。几十年后，黄河在山东西南和江苏西北一带再度决口，徐州一带运河断水。于是，在明廷主管工程的官员杨一魁、刘东星、李化龙等人相继主持下，除治理黄河外，又于微山湖的东面和东南面开凿新河，于万历三十二年（1604年）全部完工。它北起夏镇，接夏镇新河，沿途纳彭河、东西泇河等水，南到直河口（江苏宿迁西北）入黄河，长260里。它比旧河顺直，又无徐州、吕梁二洪之险，再加上位于微山湖东南，黄河洪水的威胁较小，所以它的开凿，进一步改善了南北水运。因为这条新河以东、西两泇河为主要水源，所以称为泇河运河。

最后，在明末清初，又开凿通济新河和中河。泇河运河竣工后，从直河口到清江浦（今清江市）一段运道约180里，仍然河运合槽，运河并未彻底摆脱黄河洪水和泥沙的威胁。因而河运分离的工程必须继续进行。通济新河凿于明朝天启三年（1623年），西北起直河口附近接泇河运河，东南至宿迁，长57里。中河是清朝初年在著名治河专家靳辅、陈潢指挥下修建的。康熙二十五年

（1686 年）动工，两年后基本凿成。它上接通济新河，下到杨庄（在清江市）。杨庄与南河北口隔河相望，舟船穿过黄河，便可进入南河。至此，河运分离工程全部告成。

河运分离工程是明朝后期到清朝前期治理运河的主要工程之一，它的完工，使淮北地区的运河基本上摆脱了黄河的干扰，保证了运河的正常航行。

（四）海塘工程

元朝时，在杭州湾两岸都进行了规模较大的石塘修建。

在杭州湾北岸修一条长达 150 里的石塘，南起海盐，北到松江。

在南岸的余姚、上虞一带，地方官吏叶恒、王永等人也修建了 4000 多丈的石塘。

这些石塘在技术上有许多创新：一是对塘基作了处理，用直径一尺、长八尺的木桩打入土中，使塘基更为坚固，不易被潮汐淘空；二是在用条石砌筑塘身时，采用纵横交错的方法，层层垒砌，使石塘的整体结构更好；三是在石塘的背海面附筑碎石和泥土各一层，加强了石塘的抗潮性能。这种石塘结构已经比较完备，是后来明、清两朝石塘的前身。

元朝时，对苏北“范公堤”、“沈公堤”作了维修和扩展，使两堤的长度延伸到 300 里以上。

钱塘江口水面宽阔，从南岸到北岸远达几百里。由于中间屹立着一些岛屿，形成三条水道，分别叫作南大门、中小门和北大门。13世纪以前，无论是钱塘江水还是海潮，主溜基本上是走南大门。后来，由于钱塘口沙嘴变化等原因，海潮主溜逐渐移到北大门，而钱塘江口涌潮主溜则走南大门。因为南岸有许多小山，涌潮不致造成严重灾害。而钱塘江下游的北面是一望无际的、地势低平的太湖流域，涌潮主溜走北大门，便会酿成无法估计的损失。如万历三年（1575年），走北大门的涌潮毁农田八万多亩，死了三千多人。当主溜走南大门时，海宁旧城（盐官）南面有大片陆地，它离杭州湾40余里。主溜走北大门后，大片大片的陆地被涌潮吞噬，钱塘江岸步步后撤，旧海宁便成为一座面对大海的危城，只好北迁。杭州湾北岸是当时全国经济最发达的太湖流域的前沿，明政府频繁地组织人力、物力，修建当地的海塘。

明朝历时276年，在这里修建海塘就多达20多次。在频繁修建浙西海塘的进程中，人们不断总结经验，改进塘工结构，以提高抗潮能力。其中最重要的是浙江水利佥事黄光升创造的五纵五横鱼鳞石塘。他总结以往的经验教训，认为旧塘有两个严重的缺点，一是塘基不结实，二是塘身不严密。因此，他主持建塘时，在基础方面，必须清除地表的浮沙，直到见到实土，然后再在前半部的实土中打桩夯实。这样的塘基承受力大，也不易被潮水淘空。在塘身方面，用长、宽、厚分别为六尺、二尺、二尺的条石纵横交错构筑，共18层，高三丈六尺；底宽四丈，五纵五横，以上层层收缩，呈鱼鳞状，顶宽一丈。石塘背后，加培土塘。这种纵横交错、底宽顶窄、状如鱼鳞的石塘十分坚固，但造价很高，每丈需用白银300两。

因此，当他改造到全部塘工的十分之一时，筹集的经费便用光了。其他地方只好仍用旧塘。

除浙西海塘外，为防止长江口的涌潮危及南岸产粮区，明朝对嘉定、松江等地海塘的修建也同样重视。

黄河和淮水所携带的泥沙堆积，使苏北沿海淤成了大片新地，范公堤逐渐

失去作用。人们又于堤外建新堤。先后建成土塘800多里。

在清朝的大部分时期里，钱塘江涌潮的主溜在北部，仍然对着海宁、海盐、平湖等浙西沿海。清朝前期，用了半个多世纪的时间，耗费纹银700多万两，将这里的大多数海塘都改建成朱轼创造的最坚固的鱼鳞石塘。

康熙、雍正、乾隆三朝，朱轼曾先后担任浙江巡抚、吏部尚书等重要职务。在他任职期间，多次主持修建苏、沪、浙等地的海塘。

康熙五十九年（1720年），朱轼综合过去各方面的治塘先进技术，在海宁老盐仓修建了500丈新式鱼鳞石塘。雍正二年（1724年）七月，台风和大潮同时在钱塘江口南北一带登陆，酿成了一次特大潮灾。当时，除朱轼在老盐仓所建的新式鱼鳞石塘外，杭州湾南北绝大部分的海塘都遭到了严重的破坏，生命、财产损失十分惨重。

当初，朱轼改进的新鱼鳞石塘由于造价高，每丈需银300两，所以没有推广，只造了500丈。经这次大潮考验后，被公认为海塘工程的“样塘”。为了浙西的安全，清政府不惜花费重金，决定将钱塘江北岸受涌潮威胁最大的地区一律改建成新式鱼鳞石塘。

此外，在崇明岛，清朝也着手兴建海塘工程。崇明岛是今天我国的第三大岛，面积一千多平方千米。唐朝时，它还是一个小沙洲，面积只有十几平方千米。由于江水和潮水中的泥沙不断沉积，到明、清时，逐步发展成为一座大岛了。从明末起，为了围垦这块新地，人们开始在岛上修建简单的海堤。乾隆时，筑了一条具有一定规模的土堤，长100多里。光绪时，两江总督刘坤一又在其上修建了石堤。

清朝为了防止潮灾，做了一些新的探索。一是涌潮的主溜走北大门和南大门都易酿成潮灾，特别是走北大门时，灾害更为严重。因为只有走中小门时潮灾才较小，所以乾隆皇帝在位时曾组织力量疏浚中小门水道，引涌潮主溜由此通过，并取得了一定的效果。二是清末修建海塘时，尝试着在工程中使用了新式建筑材料——水泥。这一试验当时虽因地基沉陷而失败，却为人们提供了经验教训。后来，逐渐以水泥作为塘工材料，并受到了青睐。

千百年来，苏、沪、浙海塘工程的发展，

反映了当地人民与潮灾斗争的坚强毅力和聪明才智。

海塘的修建，对广大人民的人身安全，对当地的工农业生产，都是有力的保证。

（五）水利科学

元、明、清三朝，水利规划理论有了很大的进步。

明朝，以潘季训为代表的“束水攻沙”治河思想的完善和系统堤防的修建，使治河堤防工程技术发展到了高峰。

明清以来，大批关于水利工程技术、治河防洪方法的专著陆续问世，现存的古代水利文献大部分是这一时期编纂的。各地的地方志大多设置了水利专业志和漕运志。

在农田水利方面的专著中，最著名的有元朝王祯的《农书》、明朝徐光启的《农政全书》以及清乾隆年间官修的《授时通考》。这些书对于各种类型的农田水利工程，尤其是对灌溉和水力机械方面的记述尤为精详。

地方性农田水利专著越出越多，如明朝姚文灏的《浙西水利书》和沈问的《吴江水考》、清朝吴邦庆的《畿辅河道水利丛书》和徐松的《西域水道记》。前两部书是太湖水利的代表性著作，后两部书分别是研究海河流域和新疆水利的重要著作。

专门记述工程的书也很多，如元朝李好文的《长安志图·泾渠图说》，清朝王太岳的《泾渠志》、王来通的《灌江备考》、王全臣的《大清渠录》、程鸣九的《三江闸务全书》等。

古代数学与算学

数学是中国古代最为发达的学科之一，通常称为算术，即“算数之术”。在中国古代数学发展的历史中，算术的含义比现在广泛得多。在我国古代，算是一种竹制的计算器具，算术是指操作这种计算器具的技术。算术一词正式出现于《九章算术》中，泛指当时一切与计算有关的数学知识，后来，算术又称为算学、算法，直到宋元时代时出现了“数学”这一名词，在当时数学家的著作中，往往数学与算学并用。

一、古代数学发展概述

在世界四大文明古国中，中国数学持续繁荣时期最为长久，它是中国传统科学文化百花园中的一朵奇葩，是世界文化宝库中一颗璀璨的明珠。从公元前后至14世纪，中国古典数学先后经历了三次发展高潮，即两汉时期、魏晋南北朝时期和宋元时期，并在宋元时期达到顶峰。

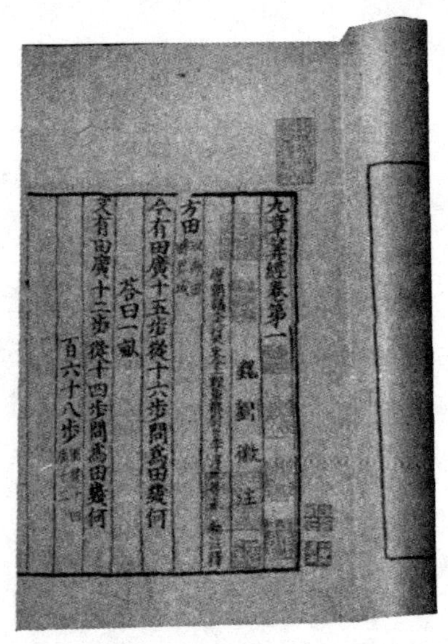

九章算經卷第一

魏 劉徽 注

方田

今有田廣十五步從十六步問爲田幾何

荅曰一畝

又有田廣十二步從十四步問爲田幾何

百六十八步

数学是中国古代最为发达的学科之一，通常称为算术，即“算数之术”。现在，算术是整个数学体系下的一个分支，其内容包括自然数和在各种运算下产生的性质、运算法则以及在实际中的应用。可是，在中国古代数学发展的历史中，算术的含义比现在广泛得多。在我国古代，算是一种竹制的计算器具，算术是指操作这种计算器具的技术。算术一词正式出现于《九章算术》中，泛指当时一切与计算有关的数学知识，它包括当今数学教科书中的算术、代数、几何、三角等各方面的内容。后来，算术又称为算学、算法，直到宋元时代，才出现了“数学”这一名词，在当时数学家的著作中，往往数学与算学并用。当然，这里的数学仅泛指中国古代的数学，它与古希腊数学体系不同，侧重研究算法。

从19世纪起，西方的一些数学学科，包括代数、三角等相继传入我国。西方传教士多使用数学，日本后来也使用数学一词，中国古算术则仍沿用“算学”。1937年，清华大学仍设“算学系”。1939年中国数学名词审查委员会为了统一起见，才确定专用“数学”，直到今天。

中国是著名的四大文明古国之一，数学的发展有着源远流长的历史。我们的祖先在从事社会生产劳动的活动中，逐渐有了数量的概念，认识了各种各样简单的几何图形。特别是随着农业的逐渐发展，需要与之相应的天文、历法，需要知道适宜于农业的季节安排，这些都离不开数学。土地面积、粮仓大小、

建筑材料的长短和方位的测定等等也都离不开数学知识。

中国社会的发展具有与西方社会不同的特色，它较早地进入封建社会，又长期地停留在封建制之中，因而中国古代数学发展有着自身的特点。我们可以把中国古代数学的发展历程划分为四个时期：先秦萌芽时期、汉唐奠基时期、宋元全盛时期、明清中西数学融合时期。

（一）先秦萌芽时期（从远古到公元前200年）

原始社会末期，随着私有制和以货易货交易的产生，数与形的概念开始形成并有了一定的发展。如在距今六千多年的仰韶文化遗址出土的陶器上，就已经刻有表示1、2、3、4的符号；在半坡文化遗址出土的陶器上有用1–8个圆点组成的等边三角形和分正方形为100个小正方形的图案，而且半坡遗址的房基址都是圆形和方形的。为了画出方圆、确定平直，我们的祖先还创造了规、矩、准、绳等作图与测量工具。事实上到了原始社会末期和奴隶制早期，我们的祖先已经开始用文字符号取代结绳记事了。据《史记·夏本纪》记载，夏禹治水时已经使用了这些工具。

大约在公元前2000年的时候，黄河流域的中下游一带，开始出现了中国历史上的第一个奴隶制王朝—夏。伴随着奴隶制而出现的社会分工，使得大规模的土木工程、水利建设成为可能。在我国历史上的第二个奴隶制王朝—商朝，就已经有了比较成熟的文字，这就是刻在龟甲和兽骨上的甲骨文。在甲骨文中已经有了一套十进制的数字和记数法，其中最大的数字为三万。例如“八日辛亥戈伐二千六百五十六人”就是说八月辛亥那一天，在战争中杀了2656个俘虏。

我国古代的记数法，从一开始就采用了十进制，这一点比其他文明所采用的记数法有着显著的优越性。与此同时，商人用十个天干和十个地支组成甲子、乙丑、丙寅、丁卯等六十

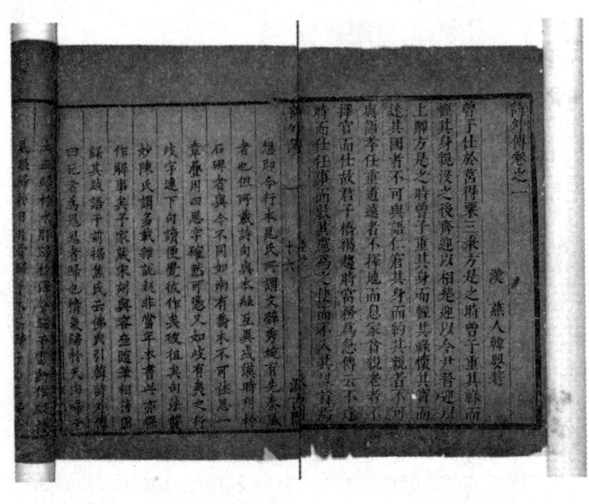

詩外傳卷之一

漢　燕人韓嬰著

个名称来记六十年的日期。在周代又把以前用阴、阳符号构成表示八种事物的八卦发展成六十四卦，表示六十四种事物。西周时期青铜器上面的文字—金文中的记数法和商代的完全一样，一直沿用到今天。

除了整数之外，我国对分数的认识也是比较早的，同时还掌握了整数和分数的四则运算。在公元前1世纪左右的《周髀算经》中提到了西周初期用矩测量高、深、广、远的方法，并举出勾股形的勾三、股四、弦五以及环矩可以为圆等例子。《礼记·内则》篇提到西周贵族子弟从9岁开始便要学习数字和记数方法，他们要接受礼、乐、射、御、书、数的训练，作为“六艺”之一的数已经开始成为专门的课程。

汉代人韩婴在《韩诗外传》中记载过这样一个故事：齐桓公招贤纳士，却整年也没有人来。后来东野地方有个人求见，说自己会背“九九”乘法歌。齐桓公调笑他说：“会背九九歌，算什么本事呢?”那个人说：“背九九歌确实不算什么本事，但您尚且以礼相待，还怕比我高明的人不来吗?”果然一个月之后，四面八方的贤人接踵而来了。这个故事说明在公元前7世纪，九九歌诀在民间已经相当普及了。在《管子》、《荀子》等一些古书中也都有“九九”中的句子记载。另外，在春秋战国之际，筹算已得到普遍的应用，筹算记数法使用十进位制，这种记数法对世界数学的发展是有划时代意义的。这个时期的测量学在生产上有了广泛应用，在数学上亦有相应的提高。根据文献记载以及钱币上铸造出的数字纹样和陶器上留下的陶文记载，最迟在春秋战国时期，人们已经十分熟练地运用算筹进行计算了。出土于战国时期楚国的墓葬中就有竹制的算筹实物。

战国时期的百家争鸣，思想大解放，促进了数学的发展，尤其是对于正名和一些命题的争论直接或者间接地与数学有关。“名家”认为经过抽象以后的名词概念和它们原来的实体不同，他们提出“矩不方，规不可以为圆”的观点，把“大一”定义为“至大无外”，“小一”定义为“至小无内”，还提出了“一尺之棰，日取其半，万世不竭”等命题。“墨家”则认为名来源于物，名可以

从不同方面不同深度反应事物。还给出了一些与数学相关的概念，如圆、方、平、直、次、端等。

（二）汉唐奠基时期（公元前 200－1000 年）

公元前 221 年，秦始皇灭六国，创立了中国历史上第一个中央集权的封建专制国家。汉承秦制，巩固和完善了这一制度，随着生产力的不断提高，各种科学和技术也不断向前发展。农业生产需要掌握季节的变迁，必然推动天文和数学的研究。战国时期，人们就已经掌握了设定每年为日的“四分历”。数学著作同时也是天文学著作的《周髀算经》在这样的历史背景下出现了，包括像这样复杂的计算，还包括利用勾股定理进行测量的一些计算。

秦汉是封建社会的巩固和上升时期，经济和文化均得到迅速发展。中国古代数学的体系正是形成于这个时期，它的主要标志是算术已经成为了一个专门的学科。随着田亩测量和粮食运输的频繁，建筑工程和赋税征收的需要，又出现了《九章算术》这样总结性的数学著作。它是中国古代数学最重要的著作，是战国、秦、汉封建社会创立并巩固时期数学发展的总结。就其数学成就来说，堪称为世界数学名著，例如分数四则运算、比例算法、面积和体积计算等都比较先进。它还引入了负数的概念和运算法则，这在世界数学史上是最早的。《九章算术》的出现标志着中国古代数学体系的形成，它对中国以后数学发展的影响，就如同欧几里德的《几何原本》对西方数学的影响一样，非常深刻。

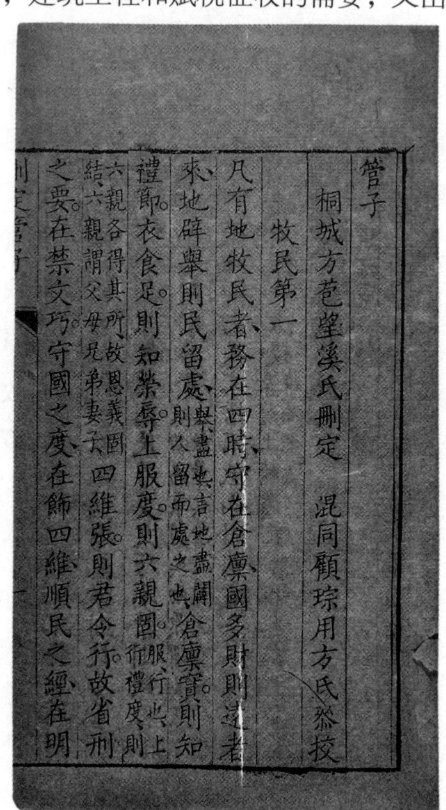

管子

桐城方苞望溪氏刪定　混同顧琮用方氏叅校

牧民第一

凡有地牧民者，務在四時，守在倉廩。國多財則遠者來，地辟舉則民留處。舉盡也，言地盡闢則人留而處之也。倉廩實則知禮節。衣食足則知榮辱。上服度則六親固。服行也，上行禮度則六親各得其所，故恩義固結。六親謂父母兄弟妻子。四維張則君令行。故省刑之要，在禁文巧。守國之度，在飾四維。順民之經，在明

刪定管子　一

中国古代数学的进一步发展是在魏晋南北朝时期，这一时期封建皇权统治相对薄弱，而且在魏晋时期出现的玄学，不为儒家思想所束缚，思想比较活跃，诘辩求

胜，运用逻辑思维，分析义理，这些都有助于数学理论的提高。成就突出反映在三国时期的赵爽为《周髀算经》作的注、曹魏末年和晋初的刘徽为《九章算经》作的注和他的《海岛算经》上。南北朝时期的祖冲之和他的儿子祖暅更是在刘徽的《九章算术注》的基础上把传统数学大大向前推进了一步。他们完成的主要数学工作有计算出圆周率在 3.1415926–3.1415927 之间，提出了祖暅定理、二次和三次方程的解法等。

隋炀帝好大喜功，大兴土木，这在客观上促进了数学的发展。唐初王孝通的《缉古算经》主要讨论的就是土木工程中土方、工程分工、验收等的计算问题。唐初封建统治者继承了隋朝体制，在国子监设立了数学的专门科目，并规定了招生、学习、毕业和考试等制度，指定“算经十书”等为教科书。这期间由唐朝数学家李淳风奉命注释的《算经十书》最为有名，奠定了中国古代数学的基础，对保存数学经典著作、为数学研究提供文献资料方面有很大意义。

算筹作为中国古代的主要计算工具，具有简单、形象、具体等优点，但也存在布筹时占用面积大、运筹速度快时容易摆弄不正造成错误等缺点。珠算是对算筹的重要改革，它克服了筹算纵横记数与置筹不便的缺点。唐中期后，商业繁荣，数字计算增多，迫切要求改革计算方法，从《新唐书》等文献可以看出此次算法改革主要是简化乘、除算法，唐代的算法改革使乘、除法可以在一个横列中进行，适合用于算筹也适合用于珠算。

（三）宋元全盛时期（1000 年—14 世纪初）

960 年，北宋王朝的建立结束了五代十国长期割据的混乱局面，农业、手工业、商业空前繁荣，科学技术突飞猛进，火药、指南针、印刷术三大发明就是在这种情况下得到广泛应用，这些都为数学发展创造了良好条件。中国古代

数学在宋、元又有了重大发展，出现了一批著名的数学家和数学著作，如秦九韶的《数书九章》，李冶的《测圆海镜》《益古演段》，杨辉的《详解九章算法》《日用算法》和《杨辉算法》，朱世杰的《算学启蒙》《四元玉鉴》等。他们的工作在很多领域都取得了具有世界意义的成就。同时期中世纪的欧洲，科学停滞不前，比之我国真是相形见绌多了。

从开平方、开立方到四次以上的开方，在认识上是一个飞跃，实现这个飞跃的就是我国古代著名数学家贾宪。贾宪发现了二项系数表，并掌握了和英国数学家 Horner 方法完全相同的开方方法，其中贾宪的三角形比西方的 Pascal 三角形早提出了六百余年。

秦九韶的《数书九章》是一部划时代的巨著，其中的“大衍求一术”（不定方程的中国解法）及高次代数方程的数值解法，是宋、元数学的一项重大成就，在世界数学史上占有崇高的地位。

中国宋、元的“天元术”，相当于现在的代数学或者方程论。李冶《测圆海镜》给出列方程的方法、步骤，和现在一样。杨辉对纵横图结构进行了研究，揭示了洛书（幻方）的本质。郭守敬创立了三次内插法，早于西方约四个世纪，他的另一项贡献是推进了球面三角学。朱世杰将天元术推广成四元术，对郭守敬的差分法也大加发挥。四元术就是四元高次方程理论，用天、地、人、物表示四个未知数，有些题的次数高达 15 次，这在今天也是很罕见的。

中国古代算法改革的高潮也出现在宋元时期，历史文献中记载有大量这个时期的实用算术书目，改革的主要内容仍是乘除法。同时，穿珠算盘可能在北宋已经出现。总而言之，从北宋到元代中叶，我国数学有了一套严整的系统和完备的算法，达到了我国古代数学的全盛时期。

（四）明清中西数学融合时期（14 世纪初－1912 年）

宋、元是中国数学的极盛时期，可是在朱世杰之后，数学发展却突然中断。原因是多方面的，仅从社会条件来说，元中叶以后就存在着许多不利于数学发展的因素。元朝统治时期，社会经济遭受严重摧残，言论、出版、学术都受到

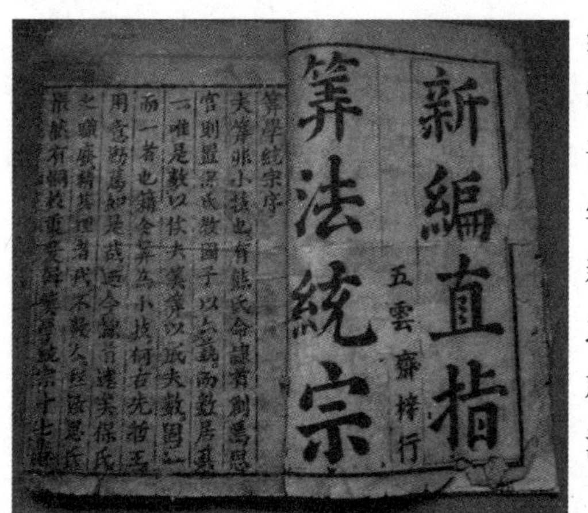

统制和禁止。明朝实行极端的君主专制，宣传唯心主义哲学，实施八股考试制度，宦官专权，政治腐败，全无学术讨论的氛围。清初发生了历法上新旧之争，拥护新法的官员惨遭杀身之祸，再加上文字狱迭起，一字之差就可能引来杀身灭族之灾，学者完全没有发表意见的自由。

反观西方，中国停顿落后之时，欧洲正逐步迈入资本主义社会，近代数学受生产力的刺激快速发展起来。一进一退，中国数学和西方数学差距越拉越大了。

明代在西方数学输入之前，最大的成就是珠算的完善和普及。算盘以其构造简单、价格低廉、计算迅速，受到广大群众的欢迎，至今仍盛行不衰。1592 年，明程大位著《直指算法统宗》十七卷。这是一部用珠算盘为计算工具的应用数学算书，此书流传甚广，影响极大。

1581 年，意大利传教士利玛窦来中国传教，先后翻译了一些天文数学书籍。1606 年，他和徐光启合作翻译了《几何原本》前六卷，还编译了《同文算指》一书，介绍西方算术的知识。其中影响最大的是《几何原本》，它是中国第一部数学翻译著作，绝大部分数学名词都是首创的，许多至今仍在沿用。《几何原本》是明清两代数学家必读的数学书。这是中国近代翻译西方数学书籍的开始，从此打开了中西学术交流的大门，是中国卷入世界潮流的序曲。假如翻译工作能持续下去，必能产生更大的影响。可惜自康熙以后，清政府采取了闭关锁国政策，中西交流中断了。

这一时期，清代数学家对西方数学做了大量的会通工作，并取得了一些独

创性的成果。这些成果和传统数学比是有进步的，但是和同时期的西方数学比则是明显落后的。

1840 年鸦片战争以后，西方近代数学开始传入中国，中国数学便转入以学习西方数学为主的时期。首先是英国人在上海开设墨海书馆，介绍西方数学。第二次鸦片战争后，曾国藩、李鸿章等开展“洋务运动”，也主张介绍和学习西方数学，组织翻译了一批近代数学著作。其中比较重要的有李善兰与伟烈亚力翻译的《代数学》《代微积拾级》等，比李善兰稍晚的另一位数学家华蘅芳也翻译了《微积溯源》《决疑数学》等。在翻译西方数学著作的时候，中国学者也进行一些研究，如李善兰通过研究传统数学而得到的一系列组合恒等式，其中包括驰名中外的“李善兰恒等式”。

中国现代数学的真正开始是在辛亥革命以后，兴办现代高等教育是其开始的标志。中国辉煌的古代数学史成为过去，中国数学史翻开了崭新的一页。

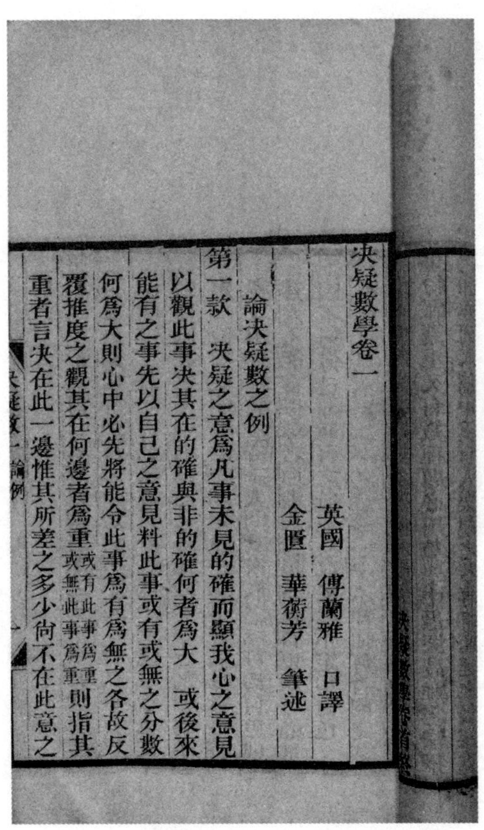
決疑數學卷一

英國 傅蘭雅 口譯

金匱 華蘅芳 筆述

論決疑數之例

第一款 決疑之意爲凡事未見的確而顯我心之意見以觀此事決其在的確與非的確何者爲大 或後來能有之事先以自己之意見料此事或有或無之分數何爲大則心中必先將能令此事爲有爲無之各故反覆推度之觀其在何邊者爲重（或有此事爲重或無此事爲重）則指其重者言決在此一邊惟其所差之多少尚不在此意之

決疑數一 論例

二、古代算术名家要述

中华古算，代有人出。史籍中记载的伏羲画八卦、大挠造甲子、隶首作数、垂制规矩的传说，反映了先民对族中掌握一定数学知识的人物的崇敬。先秦诸子中，就有很多通晓数理的行家。据《宋史·礼志》记载，北宋大观三年（1109年）祀封“自昔著名算数者”，共 55 人上榜。清代阮元等人编纂的《畴人传》及续编、三编中，共有 432 名中国学者入传。中国古代数学发展史上涌现出了许多优秀的算术家，不能一一介绍，本章简单介绍其中一些比较著名的数学家。

（一）商高

中国古代最早的数学、天文学著作《周髀算经》上记载了昔日周公与商高的一段问答。周公问商周：“古时伏羲作天文测量和订立历法，天没有台阶可以攀登上去，地又不能用尺来量度，请问数是从哪里得来的呢?”商高回答说：“数是根据圆和方的道理得来的。圆从方得来，方又从矩得来，矩是根据乘、除法计算出来的。而计算则是‘治天下’所需要的。”这是有名的“周公问数”。

周公还请教了商高用矩之道。商高用六句话简明扼要地概括了这种方法：“平矩以正绳，偃矩以望高，覆矩以测深，卧矩以知远，环距以为圆，合矩以为方。”这几句话在中国数学史上是十分重要的，表明了商高时代的测量技术以至整个数学的水平。

商高利用矩作为测量工具，运用相似三角形的原理“测天量地”，把测量学上升到理论，为后来的数学家推广复杂的“测望术”奠定了坚实的基础。勾股弦的关系和用矩之道是商高的主要成就。

关于商高的生平，历史上记载得很少。他是春秋时周朝人，周朝的大夫。商高的年代离我们太远了，我们甚至无法知道商高的生卒年份和身世，但他的科学创见却永远为后人纪念，他是世界上第一位被记载在史册上的数学家。

（二）赵爽

赵爽，名婴，字君卿。关于他的生平几无考证，只知道他的最大贡献是为《周髀算经》作过注。根据注中的内容，推测他是三国时期的吴国人，作注的年代大约是在 222 年之后。尽管缺乏有关赵爽的具体史料，但是从《周髀算经》注中仍可以了解到他的治学观点、数学成就和数学思想。

赵爽十分珍视古籍《周髀算经》，他用相当大的毅力对《周髀算经》作了注解。人们推测他是当时的一位隐士，只能在耕樵之余钻研数学。用他自己的话说是“负薪余日，聊观《周髀》”。从他为《周髀算经》所作的注来看，赵爽通晓当时中国已相当发达的数学知识，并取得了中国数学史上不容忽视的成就。

赵爽的数学成就，首推他的《勾股圆方图注》，全文不过五百多字，却精辟地阐述了勾股定理的证明、勾股弦的关系，并用几何方法证明了二次方程的解法。赵爽绘制了几幅《弦图》，结合弦图巧妙地证明了勾股定理，并得到关于勾股弦三者之间关系的命题共 21 条。《周髀算经》中关于量日高的问题，赵爽在注内最先给出日高公式和它的证明。在《周髀算经》注中，赵爽对分数运算概括出“齐同术”，为后来刘徽完整地总结齐同术作了重要的理论准备。

赵爽在数学上的成就，足以反映出他在数学思想方法上的深刻和活跃。在他之前的一些典籍包括《周髀算经》《九章算术》等，对一些主要数学原理的论述，通常只有结论而无论证。赵爽在为《周髀算经》作注时，对主要的数学原理都力图加以论证。在证明方法上，赵爽基本是通过平面图形的割补损益的等积变换方法：一是如果将图形分割成若干块，则各块面积之和等于原图

形的面积；二是一个平面图形从一处移至另一处，面积不变。根据这个内容，常常可以求出两个图形之间的面积关系。赵爽对某些数学原理进行论证及在论证中对“出入相补原理”的开拓性工作，在中国古代数学史上具有重大影响。

（三）刘徽

刘徽，魏晋时人，生平不详。宋徽宗大观三年（1109 年）礼部太常寺追封古代数学家爵位，刘徽被封为“淄乡男”，推测他大概是今山东淄博一带人。刘徽是我国古代数学理论的奠基者，他的杰作《九章算术注》和《海岛算经》是我国宝贵的数学遗产。

刘徽在《九章算术注》中建立的数学理论是完整的。他全面证明了《九章算术》里的公式和定理，对一般算法中的一些主要的数学概念也给出了严格的定义，并根据定义的性质，说明了这些算法的道理。例如，他给比、方程组、正负数下了非常科学的定义，并运用这些定义有效地论证了算术中的分数加减法运算、代数中的方程组解法以及几何中利用相似三角形求解的问题。刘徽对《九章算术》中关于“今有术”（比例问题）和多位数开平方、开立方法则也作了精辟的阐述。刘徽的割圆术用极限的方法证明了圆面积的公式，把圆周率算到 3. 1416，这是当时世界上最精确的圆周率值。他用出入相补原理证明了勾股定理和许多面积、体积公式。他还用无穷分割的方法证明了方锥体的体积公式。在球体积的计算上，刘徽创造了“牟合方盖”这一立体模型。

刘徽在数学方面的主要成就是注《九章算术》，他把自己大部分的数学研究成果写进了他的“注”中，很多方面都达到了当时世界上最先进的水平。刘徽的功绩可以概括为两个方面，一是对中国古代数学体系进行了理论整理；二是推陈出新，进行了一些开创性的工作。

（四）祖冲之和他的儿子祖暅

祖冲之，字文远，范阳遒县（今河北定兴县）人，生活在南朝宋、齐之间，当过南徐州从事史、公府参军等职。祖冲之生长在科技世家，自幼爱好数学和天文，把毕生精力都献给了祖国的科学技术事业。他学习前人，重视实践，通过观测、计算，制定了著名的《大明历》，还写出了很有价值的数学专著《缀术》。《缀术》博大精深，在唐朝曾被国立学校列为必读教材，要学四年，是学习期限最长的算书，可惜后来失传了。

祖冲之是代表中国古代数学高度发展水平的杰出人物，“开差幂”是已知长方形的面积及长宽之差求其长与宽；“开差立”是已知长方体的体积及最短棱与其他两棱求其长、宽、高。

祖冲之的科学成就在我国科学技术发展史上永放光芒，他在世界科学史上也享有崇高声誉。人类第一次发现的月球背面的一个环形山谷，就是以“祖冲之”来命名的。

在祖冲之的教育、熏陶下，他儿子祖暅、孙子祖皓，家学相传，擅长历算。祖家是我国有名的科学世家。祖暅是一位博学多才的人，他对历法很有研究，曾两次建议修改历法，他指出其父所制定的《大明历》可以纠正《元嘉历法》的差错。后经梁朝太史令等实测天象，朝廷采纳了他的意见，启用《大明历》推算历书。

祖暅继承其父遗训，整理编辑了数学专著《缀术》六卷。最为突出的是他发现了等积原理：“幂势既同，则积不容异”。后人称为“祖暅定理”，即夹在两个平行平面间的几何体，如果被平行于这两个平面的任何平面所截得的两个截面的面积都相等，那么这两个几何体的体积相等。祖暅用等积原理推导出了球的体积公式。

（五）王孝通

王孝通，唐初的历算家，籍贯身世、生卒年代不详。据《旧唐书》等记载，他在唐武德年间任历算博士，后来升任太史丞，参与修历。

王孝通在数学上的最大成就是著作《缉古算经》。《缉古算经》是《算经十书》中最晚出的一部。除了已失传的《缀术》外，它是最难懂的一种，按唐朝国子监算学馆的规定，这本书要学三年。

《缉古算经》共包括二十道题目，其中有关于天文历法的题、土木工程的土方计算的题、仓房和地窖大小的问题、勾股问题等，都具有相当的难度。《缉古算经》的大部分问题都要用高次方程来解决，在隋唐时期算是比较高深的数学理论。王孝通很擅长依据实际问题列高次方程，他在每一条有关高次方程的术文下，都用注来说明方程的各项系数的来历。在古代，没有现代的符号代数，要由实际问题列出开方式（即高次方程）是非常不易的事情。王孝通关于三次方程的解法有巨大的学术价值，《缉古算经》用开带从立方法解决实际应用问题，不仅是中国现存典籍中最早的这方面记叙，在世界数学史上也是关于三次方程数值解法及应用的最古老的珍贵著作。六百多年后，斐波那契才得出一个三次方程的数值解，至于一般三次方程的代数解法直到16世纪才出现在意大利人的著作中。

《缉古算经》中王孝通最得意的创作是建筑堤防的土方问题—“堤积”问题。他假设河岸不是平地，堤防的底面是一个斜面，而顶面是平的，那么堤的垂直横截面是上底相同而高不相等的梯形。王孝通将它分成两部分求体积：上部是一个平堤的体积，下部是一个具有梯形底及两斜侧面的楔形体（叫羡除）的体积，这样得到一个整个堤的体积计算公式。这个公式具有创造性的价值和贡献。

王孝通的《缉古算经》的开方术继承了《九章算术》及刘徽注的传统，在

开带从立方方面又有创新，给中国古代的代数学砌成了一个新的阶梯，使后继者沿着它不断攀登，发展了中国古代的高次方程数值解法。

（六）贾宪

贾宪是我国北宋时期杰出的数学家，生平不详，仅知道生活于11世纪上半叶，任过左班殿值，著有《黄帝九章算法细草》，但此书早已失传。书中记有“开方作法本源图”，数学史家称之为“贾宪三角”，实际上是一个正整指数的二项式系数表。这个数表在西方称为“帕斯卡三角”，帕斯卡最先用数学归纳法证明了这个数学三角形的性质，并第一个正式指出这个数字三角是二项展开式的系数表。贾宪三角是11世纪中国数学的优秀成果之一，它是方程论的重要内容，后来又由此导出垛积和无穷级数的若干重要结果。

贾宪还创造了解高次方程的“增乘开方法”，处理的虽是最简单的高次方程，但却把正负开方术推广为一般高次方程解法的重要一步。后继者在此基础上不断研究探索，终于发展成为中国古代数学中独特的代数学理论。

贾宪创造的“增乘开方法”和“贾宪三角”都为我国古代数学赢得了极大的荣誉。

（七）沈括

沈括（1031—1095年），字存中，浙江钱塘（今杭州）人，生于宋仁宗天圣年间，是贾宪之后另一位做出重要数学贡献的宋代科学家。

沈括是一位博学家，他涉足的学术领域广，学识丰富，研究精深。沈括的兴趣是多方面的，政治、经济、文学、历史、地理、外交、军事以及各科学技术范畴都有所创见和论述，著作空前丰富。据《宋史·艺文志》录其著作有22

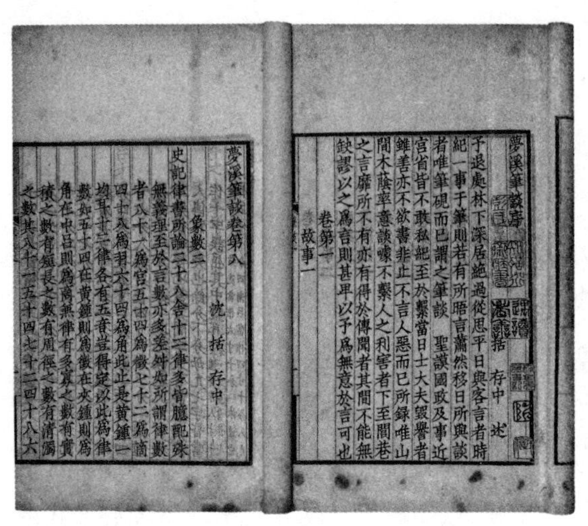

夢溪筆談序
括 存中 述
予退處林下深居絶過從思平日與客言者時
紀一事于筆則若有所晤言蕭然移日所與談
者唯筆硯而已謂之筆談 聖謨國政及事近
宫省皆不敢私紀至於繫當日士大夫毁譽者
雖善亦不欲書非止不言人惡而已所録唯山
間木蔭率意談噱不繫人之利害者下至閭巷
之言靡所不有亦有得於傳聞者其間不能無
缺謬以之爲言則甚卑以予爲無意於言可也
卷第一
故事一

夢溪筆談卷第八
沈 括 存中
象數二
史記律書所論二十八舍十二律多皆臆配殊
無義理至於言數亦多差舛如所謂律數
者八十一爲宫五十四爲徵七十二爲商
四十八爲羽六十四爲角此止是黄鍾一
均耳十二律各有五音豈得定以此爲律
數如五十四在黄鍾則爲徵在夾鍾則爲
角在中吕則爲商兼律有多寡之數有實
積之數有短長之數有周徑之數有清濁
之數其八十一五十四七十二四十八六

种，155 卷。他治学严谨，勤于探求理论与实践之间的正确关系，注重实地调查。他具有敏锐的观察能力，研究问题周密而精细，因此著述水平很高。像他这样多才多艺的全面人才，不但在数学史上极少，在整个世界史上也是罕见的。

《梦溪笔谈》是沈括晚年闲居润州梦溪园时完成的一部内容极其丰富的学术著作。现传本 26 卷，共有 609 条内容，其中一半以上的条目与科学技术有关。沈括在数学方面有独到的见解，其中“隙积术”、“会圆术”是两个著名的成果。此外沈括还运用组合数学概念归纳出棋局总数，记载了一些运筹学的简单例子。

沈括创导的“隙积术”是从立体体积问题推广为高阶等差级数求和。他所解决的垛积问题对后来数学的进展具有深刻的影响。所谓隙积，就是有空隙的堆垛体，例如酒窖里垛起来的酒坛，四个侧面是斜的，像底朝天翻过来的斗。沈括进行一番研究后，推导出了这种堆垛体的件数或体积的计算方法。“会圆术”是给出由弦、矢求弧的公式，沈括是中国数学史上由弦、矢给出弧长公式的第一人。

（八）李冶

李冶（1192—1279 年），原名李治，字仁卿，号敬斋。金代真定栾城（今河北栾城县）人，是宋、元之交金代的一位著名数学家、文学家兼历史学家。他与秦九韶、杨辉、朱世杰并称为“宋元四大数学家”。

1230 年，年近 40 岁的李冶考取词赋科进士，出任金朝钧州知事。1232 年，钧州被蒙古兵攻占，李冶只当了两年小官，就开始隐居生活。李冶是当时北方著名学者。元世祖忽必烈曾多次召见，下诏要他当官，但他多次辞官不受。他喜爱读书，求知兴趣广泛，一生著述很多。1248 年，他完成了数学名著《测圆

海镜》12卷。1259年，他把前人的数学研究成果收集起来，加上自己的见解，写成《益古演段》3卷。

李冶毕生致力于数学研究，对中国古代数学做出了重大贡献。他在《测圆海镜》和《益古演段》中明确地用“天元”来代表未知数x。李冶的天元术和现代列方程的方法极为类似。“立天元一”是设未知数为x，以常数项为“太极”，在旁记“太”字，x的系数旁记“元”字。这种用“元”代表未知数的说法，也一直流传至今，如现在对有几个未知数的方程，我们就把它叫做几元方程。李冶的天元术，比欧洲16世纪类似的半符号代数足足早了三百余年。李冶除解决了列方程问题外，还对高次方程的解法进行了创新，方程各项系数和常数项可正可负均可以解。李冶在天元术中，还创造了当时世界上最先进的小数记法。

李冶还总结了勾股容圆问题（讨论直角三角形内切圆与三边关系称为“勾股容圆”问题）。他在《测圆海镜》中提出了692条几何定理，经过证明，其中有684条都是正确的，其中有170个是勾股容圆问题。李冶把原来赵爽的研究向前推进了一大步，对我国古代关于直角三角形与圆的知识进行了全面研究和总结。《益古演段》一共有64道题，大都是各种平面图形的面积关系，解题方法往往是通过天元术和等积交换。李冶研究的数学问题，大多数都可以归结为解高次方程。

李冶是我国古代卓越的代数学家和几何学家，他能用代数方法自如地解几何问题，又擅长把数学问题通过图形直观地进行讨论。几何和代数结合起来，解决问题变得更加容易。这在世界上也是最先进的，直到17世纪笛卡儿发明解析几何为止。

（九）杨辉

杨辉，字谦光，钱塘（今杭州）人，是我国南宋杰出的数学家和数学教育家，生平不详。著有《详解九章算法》《日用算法》《乘除通变本末》《田亩比类

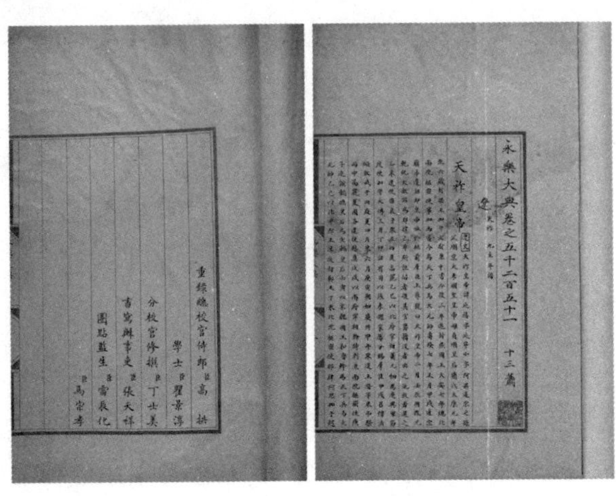

重録總校官侍郎臣高拱
學士臣瞿景淳
分校官修撰臣丁士美
書寫儒士臣張天祥
圈點監生臣雷長化
臣馬宗孝

永樂大典卷之五千二百五十一 十三蕭

天祚皇帝

乘除捷法》《续古摘奇算法》等书。后三种七卷一般总称为《杨辉算法》，现存本比较完善。

杨辉在《详解九章算法》中最早转载了贾宪的“增乘开方法”和“开方作法本源”图。此书部分已失传，《永乐大典》中还保存了一部分。杨辉在《详解九章算法》中收录的“开方作法本源”图，是二项式展开的各项系数排列图，使后人知道我国发现这种排列规律，比欧洲的帕斯卡要早四百多年。因此在我国后人也称这图为“杨辉三角”，这是杨辉的一大贡献。在《详解九章算法》中，杨辉还论述了级数求和问题。他和北宋的沈括、元代的朱世杰，同为世界上最早研究高阶等差级数的人。

杨辉的《详解九章算法》全面解释了《九章算术》的原题目，对注家的注释也择其重点逐句分析。杨辉除了介绍解题方法之外，为后学者着想还特地附有“细草”（图解和算草）。杨辉还对《九章算术》原书的题目进行“比类”：一是与原题算法相同的例题；二是与原题算法可相比附的例题。

杨辉在他的《田亩比类乘除捷法》中，编入已经失传了的12世纪数学家刘益所著《议古根源》一书中的一些方程问题，其中有一题为四次方程，这是对高次方程的最早记载。我国宋、元数学家之所以能取得首创高次方程数值解法的卓越成就，杨辉也有不可磨灭的功劳。

杨辉的《续古摘奇算法》中有不少是趣味数学题，例如书中引人入胜的各式各样的“纵横图”，是世界上对幻方的最早的系统研究和记载。

杨辉在《续古摘奇算法》和《算法变通本末》中，不满足于利用已有的方法，强调了理论根据的重要，并对一些几何命题进行了理论证明，这对中国古代演绎几何学的独立发展，起了很大的推动作用。

杨辉治学态度严谨，经常对前人著作的讹误提出批评，并指明正确的修正意见。杨辉在编辑各种数学著作时，旁征博引，学识非常渊博，是一位历史上不可多得的学者。

（十）秦九韶

秦九韶（1202—1261 年），字道古，普州安岳（今四川安岳）人，南宋末年著名的数学家。早年曾经随父亲访习于太史局，长大后自己又去湖北、安徽、江苏各地做地方官吏，见闻甚广，多才多艺，对天文、音律、数学、建筑无一不精通。在数学方面，他善于结合当地实际生产和生活需要，将枯燥无味的数学变得妙趣横生。

1247 年左右，他写成了一部二十多万字的《数书九章》，这是一部划时代的巨著，内容丰富，论说新颖。全书采用问题集的形式，一共收入了 81 个问题，每个问题之后多附有演算步骤和解释这些步骤的算草图式。《数书九章》是中世纪中国数学发展的一个高峰，是一部极为珍贵的数学著作。

秦九韶有多方面的数学成就，其中最著名的是“大衍求一术”（一次同余式组解法）和高次方程的数值解法。秦九韶用“正负开方术”可以解任意次方程。“大衍求一术”和现代的求最大公约数的辗转相除法类似，西方对这类问题的类似研究要比秦九韶迟五百多年。《数书九章》中还改进了联立一次方程组的解法，《九章算术》中采用的是“直除法”，秦九韶将之改用“互乘法”。这和今天的“加减消元法”完全一致。在书中，秦九韶还提出了“三斜求积术”，即已知三边求三角形面积的公式。这与西方有名的“海伦公式”是等价的。

秦九韶对中国古代数学做出了杰出的贡献，并且具有世界声誉，美国当代科学史家萨顿就说过秦九韶是“他那个民族、他那个时代，并且确实也是所有时代最伟大的数学家之一”。

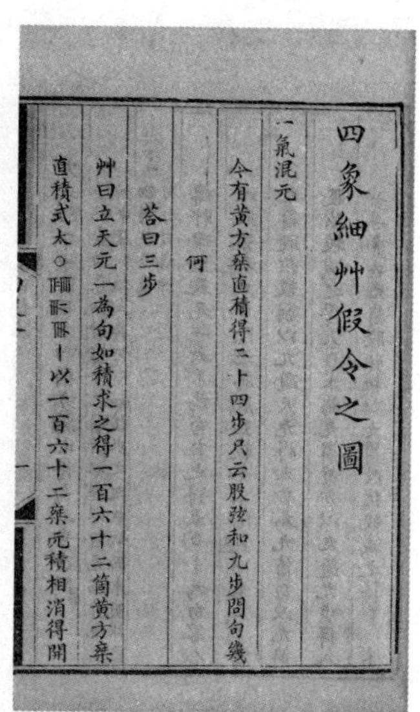

四象細艸假令之圖

一氣混元

今有黃方乘直積得二十四步只云股弦和九步問句幾何

荅曰三步

艸曰立天元一爲句如積求之得一百六十二箇黃方乘直積式太○ [illegible] 以一百六十二乘元積相消得開

（十一）朱世杰

朱世杰，字汉卿，号松庭，寓居在北京附近，籍贯、生平不详。他曾在各地周游二十多年，广收门徒，由此可以推测他是以讲学为生的专业数学家和数学教育家。朱世杰留下的著作有《算学启蒙》

和《四元玉鉴》，这两部光彩夺目的著作都曾一度在国内失传。道光年间找到了《四元玉鉴》，《算学启蒙》则流传到了朝鲜，朝鲜把它定为教科书，后来又辗转回到中国。

《四元玉鉴》是一部划时代的杰作，书中叙述了朱世杰在世界上首创的“四元术”和“招差术”以及几何、代数上的若干问题。“四元术”建立了四元高次方程理论。朱世杰用天、地、人、物表示四个未知数，相当于现代的 x、y、z、u，用“天元术”加以扩展列出方程。解高次方程组的关键是消去法，而“四元消去法”就是四元术的中心问题。朱世杰所用消元法，对任意高次方程组都是适用的，这在当时世界上处于遥遥领先的地位。朱世杰还创造了研究高阶等差级数的普遍方法—招差术（逐差法），在世界数学史上第一次正确地列出了三阶等差级数的求和公式。他这一方法和现代的“牛顿公式”是一致的，提出时间却比牛顿要早将近四百年。

《算学启蒙》一书由浅入深，循序渐进，是一部很好的数学启蒙书籍。这本书全面地介绍了中国宋元时期的数学，在 17 世纪传入日本，对日本数学的发展产生了较大的影响。这本书在各种计算方法和步骤上都有不少灵活巧妙的独创内容。

宋元时期是我国古代数学发展的一个高峰期，名家辈出，而朱世杰又是宋元数学家中出类拔萃的一位。秦九韶、李冶精于天元术，沈括、郭守敬擅长差分法，而朱世杰兼有二者之长。他将天元术推广成四元术，对差分法也有进一步研究，他的《四元玉鉴》是中国古代最杰出的数学著作之一。宋、元数学演进至此，达到了登峰造极的地步。

三、古代算书要览

中国古代数学在悠久的发展历史中涌现出了许多优秀的数学家，他们留下了大量的数学著作。这些古算书一方面使得许多具有世界意义的成就得以流传下来，另一方面也是后人了解古代数学成就的丰富宝库。中国古代数学有两个辉煌时代，一个在魏晋南北朝，另一个出现在宋元时期。衔接这两个时代的醒目事件，是唐代官刻的《算经十书》。它既总结了前一时代的优秀成果，又为后一时代的研究者提供了课题和规范，其中最重要的是标志着中国古代数学体系已具规模的《九章算术》，是我们了解古代数学必不可少的文献。下面我们就简单介绍一下每个时期的重要算书，鉴于《九章算术》在我国古代数学体系中的重要性，单列一节介绍。

（一）先秦数学作品和竹简《算数书》

1. 先秦数学作品

中华文明的众多思想和学术成就都可以在先秦诸子中找到渊源。儒家重视六艺的修养，其中的“数”在春秋战国时已经被看做是一门独立的学科了，《周礼·地官》中明确规定贵族子弟从小要学习“九数”。墨家和名家重视逻辑推理和理性思辨，他们提出的一些命题具有深刻的数学内涵。在《周礼》《墨子》《庄子》等先秦著作中，都可以发现一些有关数学知识的记载。但是诸子百家中似乎没有人写过一部专门的数学著作。

但这不能说明秦代以前没有产生过数学作品。刘徽在为《九章算术》作的序中提到：秦始皇暴政，焚书坑儒，致

使很多先秦书籍都散乱失传了。后来西汉初年的张苍、耿寿昌都以擅长算术闻名于世，他们“因旧文之残遗，各称删补”。从后文来看，这里的“旧文”应该就是刘徽所注《九章算术》的前身，而且成于秦火之前，应该是战国晚期的作品。

2. 竹简《算数书》

1983 年底，在湖北省江陵县张家山出土了一批西汉初年（即吕后至文帝初年）的竹简，共千余支，其中有律令、《脉书》《引书》、历谱、日书等多种古代珍贵的文献，还有一部数学著作。

《算数书》约有竹简二百多支，其中完整的有一百八十五支，十余根已残破，因为在一支竹简的背后发现写有“算数书”三字，故以此为名。经研究，它和《九章算术》有许多相同之处，体例也是“问题集”形式，大多数题都由问、答、术三部分组成，而且有些概念、术语也与《九章算术》的一样。全书总共约七千多字，有六十多个小标题，如“方田”“少广”“金价”“合分”“约分”“经分”“分乘”“相乘”“增减分”“贾盐”“息钱”“程未”等等，但未分章或卷。

《算数书》是人们至今已知的最古老的一部算书，大约比现有传本的《九章算术》还要早近二百年，而且《九章算术》是传世抄本或刊书，《算数书》则是出土的竹简算书，属于更珍贵的第一手资料，所以《算数书》引起了国内外学者的广泛关注，目前正在被深入研究中。

（二）《九章算术》

《九章算术》是中国古代最著名的传世数学著作，又是中国古代最重要的数学经典。从它成书直到明末西方数学传入之前，它一直是学习数学者的首选教材，对中国古代数学的发展起了巨大的作用。它之于中国和东方数学，大体相当于《几何原本》之于希腊和欧洲数学。在世界古代数学史上，《九章算术》与《几何原本》像两颗璀璨的明珠，东西辉映。

1. 成书时间

《周礼》虽然提到了“九数”，但未给出具体名目。郑玄（127—200 年）注《周礼》时引用东汉初郑重之说道：“九数：方田、粟米、差分、少广、商功、均输、方程、赢不足、旁要，今有重差、夕桀、勾股也。”其中大部分与《九章算术》的篇名对应。刘徽《九章算术》序则说：“周公制礼而有九数，九数之流，则九章是矣。”因此可以看出，“九数”是《九章算术》的渊源。《九章算术》是先秦到西汉中国古代数学知识的总结和升华，它的形成有一个较长的历史过程。

至于《九章算术》被最后编定的时间，数学史上历来众说纷纭。到目前为止，关于《九章算术》的成书经过，最明确的还是刘徽的那段话，即在西汉中期耿寿昌删补之后，《九章算术》已具有与今日所见之版本大体相同的形式了。

2. 结构和内容

《九章算术》是一部中国古代数学问题的解题集，全书共分九章，一共搜集了 246 个数学问题，以问题集和解法的方式编撰而成，系统地对我国先秦到东汉初年的数学成就作了全面总结。所谓“九章”，即指内容上分为九大类，分别是：

第一章方田，介绍各种形状的田亩面积计算。主要是为了适应统治者征收田赋的需要，因为面积不全是整数，所以还连带讲到分数的算法。

第二章粟米，介绍各种粮食谷物间的交换计算。先列出各种粮食之间的交换律，然后用“今有术”来计算。“今有术”就是比例，是从“所有律”“所求率”“所有数”去求“所求数”的算法。

第三章衰分，介绍了配分比例和等差、等比数列等问题。衰是依照一定的标准递减，按一定标准递减分东西叫做衰分。

第四章少广，介绍从田亩（平面图形）的面积，或者球的体积，求出边长或者径长的算法。这章有世界上最早的多位数开平方、开立方法则的

记载。

第五章商功，介绍各种体积的计算问题。为储存粮食要计算仓库的容积，为挖渠筑堤要计算土方，这类工程问题的计算叫做商功。涉及的形体有长方体、棱柱、棱台、圆锥、圆台、四面体等。

第六章均输，介绍按比例分摊赋税和徭役问题。农民交的税粮由各县运送到中央，运费要从税粮里扣除，这中间涉及县的户口多少、车辆数目等。

第七章盈不足，介绍根据两次假设求解问题。盈不足术是中国古代解决问题的一种巧妙方法，实际上就是现在的线性插值法。

第八章方程，介绍一次方程组解法。“方”就是把一个算题用算筹列成方阵的形式，“程”是度量的总名。“方程”的名称，就来源于此。它给出了联立方程的普遍解法，并使用了负数。这在数学史上具有非常重要的意义。

第九章勾股，介绍与勾股定理有关的若干测量问题。其中的“勾股容圆”问题引发了中国古代数学的整个研究方向，到金朝时，李冶集大成，写出了《测圆海镜》一书。

3. 成就与影响

《九章算术》的数学内容十分丰富，在现今属于算术、代数、几何等学科的许多领域中都取得了十分重要的、在当时可以说是领先于世界的数学成就。它记载了当时世界上最为先进的分数运算和各种比例算法，还记载了世界上最早的负数和正数加减法法则。书中的一次方程组的解法和现代中学讲授的方法基本相同，却比西方国家的同类成果早出一千五百余年。

魏晋时期，在数学方面最有成就的当推著名数学家刘徽。他为《九章算术》作的注中提出了计算圆面积（也可以说是计算圆周率）的方法—“割圆术”。他从圆的内接正六边形算起，依次将内接正多边形的边数加倍，计算了圆内接正十二边形、正二十四边形、正四十八边形、直到正九十六边形的面积。他认为如此逐渐增加圆内接正多边形的边数，“割之弥细，所失弥少，割之又割以至于不可割，则与圆合体无所失矣”。刘徽在我国数学史上将极限的概念用于近似

值的计算，他创立的“割圆术”只需计算圆内接正多边形，这与古希腊阿基米德同时需要计算圆内接多边形和圆外切多边形的方法相比，可以说是事半功倍。

《九章算术》对中国后来的数学影响很大，直到唐宋时代，它一直是主要的数学教科书。日本、朝鲜和亚洲的一些国家都曾以它为教科书，其中一些算法，如分数、比例等，还传到西域并辗转传入欧洲等国。

（三）汉唐算书

经过汉唐一千多年来的发展，中国古代数学业已蔚然大观，其著作则以“算经十书”为代表。隋唐两代在国子监内设算学馆，科举考试中也增设了明算科。唐高宗时，太史令李淳风与国子监博士梁述、太学助教王真儒等受诏注释十部算经。“算经十书”是我国汉代至隋唐以前的十部最出色的数学著作，它们在中国数学史上占有重要的地位，包括《周髀算经》《九章算术》《海岛算经》《孙子算经》《夏侯阳算经》《张丘建算经》《缀术》《五曹算经》《五经算术》和《缉古算经》。

以上十部算经，至北宋时，《缀术》已经亡佚，《夏侯阳算经》亦非原本。到了南宋嘉定六年，鲍瀚之翻刻北宋所刻算经时，将《数术记遗》一道付刻，用以代替失传的《缀术》，这样仍算是十部算经。前面已经介绍了《九章算术》，下面再简单说一说“算经十书”的另外九部。

1.《周髀算经》

原名《周髀》，作者不详，大约成书于公元前1世纪的西汉时期，它是一部关于天文历算的著作，主要阐明“盖天说”和“四分历”法。唐代国子监里有“算学”科，最重视《周髀》，把它列为十种课程之一，并且改名为《周髀算经》。赵爽、甄鸾和李淳风都曾为之作注。

研究天文学必须测量，周代在洛阳观象台上立一个八尺长的表（类似现在的标杆），垂直于

水平地面，在中午量竿的影长，以此求太阳的高度。表高和影长可看做直角三角形里的股和勾。股是腿，古时叫做髀，所以髀是表的代称，“周髀”就是“周代的测量学”的意思。

《周髀》分上下两卷。上卷主要讲测量工具，有勾股定理的结论。三国时吴国的赵爽对勾股定理的一般性质做了十分可贵的证明，包括勾、股、弦各种互相推算的理论与方法；下卷主要是历法的推算，其中有相当复杂的分数乘除、等差插值法。

古代人由于历史条件的限制，很多理论的出发点就是错的，例如在测日高、日远的方法中，认为地是一个极大的平面，这样得出的结果当然也是错误的，但在平面测量上却有精巧的理论与方法。后来的重差术，就是从这里发展起来的。

2.《海岛算经》

《海岛算经》是刘徽撰写的，原名“重差”，最初是他在《九章算术注》中增补的一卷，共有九个题，体例亦是以应用问题集的形式，主要采用周髀测日高的方法解决实用测量问题。由于此卷中第一个题目是讲如何测量海岛的高和远的问题，所以在唐代单行这一卷时命名为《海岛算经》。因为测量时都要取两个观测点，计算时用两个测点间的距离，这就是两测点与被测物距离的差。另外还要用两个测点到表的距离的差（影差），所以叫做“重差”。

这本书是我国最早的一部有关数学测量的专著，同时也是中国古代地图学的基础之作。

3.《孙子算经》

《孙子算经》大约是在公元 400 年前后（东晋末年）写成的，作者生平不详。现在传本的《孙子算经》共上、中、下 3 卷。上卷叙述竹筹记数方法、乘除运算方法；卷中讲分数计算方法、开平方法，也有些应用问题；卷下收集了一些应用问题，解题方法大多浅近易懂。

其中具有重大意义的是卷下第 26 题：“今有物不知其数，三三数之剩二，

五五数之剩三，七七数之剩二，问物几何?答曰：‘二十三。’”《孙子算经》不但提供了答案，而且还给出了解法。南宋大数学家秦九韶则进一步开创了对一次同余式理论的研究工作，推广“物不知数”的问题。德国数学家高斯于1801年出版的《算术探究》中明确地写出了上述定理。1852年，英国基督教士伟烈亚力将《孙子算经》“物不知数”问题的解法传到欧洲，从而在西方的数学史里将这一个定理称为“中国的剩余定理”。

4.《夏侯阳算经》

唐代立于官学的《夏侯阳算经》原书已失传，作者不可考，写作年代应当在《张丘建算经》之前。现在流传的《夏侯阳算经》实际是北宋刻书时将唐大历年间韩延所撰的《实用算术》一书托名编刻，比《张丘建算经》晚三百年，比《数术记遗》至少晚二百年。现传本共3卷，其中记载了相当多的乘除简捷算法及解答应用题，并对十进制小数进行了推广。

5.《张丘建算经》

《张丘建算经》是南北朝时北魏张丘建编撰的，据近代考证大约是编写于466—483年间。《张丘建算经》分上、中、下3卷。卷上有分数运算、开平方，答案数据多半是分数的，还提到了最大公约数与最小公倍数的应用问题；卷中有等差等比数列，面积换算（方圆互变），关于棱柱、棱锥、圆台、棱台、拟棱柱等的体积问题，许多题包含着相似三角形的比例问题；卷下第38题是著名的“百鸡问题”，按现代数学来说就是三个未知数的两个一次方程的不定方程组。这是中国古算中最早出现的不定方程问题。

6.《缀术》

《缀术》系南北朝大数学家祖冲之和他的儿子祖暅共同撰写，原书已失传。据《隋书·律历志》和《九章算术》反映，《缀术》中可能有精密的圆周率、三次方程的解法和正确的球体积计算等成就。

7.《五曹算经》

《五曹算经》是北周甄鸾编著的。全书分田曹、兵曹、集曹、仓曹、金曹

儀禮喪服文足徵記

儀禮喪服文足徵記敘
欲通儒程易疇孝廉方正之通藝錄所論[illegible][illegible]法溝洫
古器九穀草木諸篇精確不刊海內傑於學術者宗之
久矣嘉慶七年夏先生來杭州出所著喪服足徵記七
卷見示元按儀禮此篇自子夏爲傳鄭康成氏闡以爲
失誤後之儒者或疑鄭難之非率皆憑執空論無有顯
證終不足以明卜氏之傳意孝廉一以玩索經文爲本
辨疑似於豪芒之間聖人制禮精義一旦昭著所以裨
益經學啟迪後人非淺鮮也試揭其精者略述之總麻
章末云長殤中殤降一等下殤降二等齊衰之殤中從

等五卷，故总名《五曹》，是一部为地方行政官员编写的实用算术书。“曹”是魏晋时期的官署名，例如隋朝有兵曹，相当于现代的军政部。全书分别叙述了计算各种形状的田亩面积、军队给养、粟米互换、租税和仓储容积、户调的丝帛和物品交易等问题。

8.《五经算术》

《五经算术》也是北周甄鸾编写的，共计 2 卷，它主要是对《诗》《书》《易》《周礼》《仪礼》《论语》《左传》等经籍的古注中有关数字计算的地方进行解释。东汉时期注解经书的文人都通晓数学，他们在注解中加入些数学知识，但是缺少计算过程，读书人照样不懂。甄鸾便把这些数学知识中的计算方法写出来，作为注的注解，内容不深，但对解读经文有所裨益，是研究中国古代数学与经学之关系的最好材料。

9.《缉古算经》

《辑古算经》是唐初数学家王孝通编撰。显庆元年（656 年），国子监的算学馆把《缉古算术》改名《缉古算经》，列为学生的一门课程。王孝通对此颇为得意，在《上缉古算术表》中称：“请访能算之人考论得失，如有排其一字，臣欲谢以千金。”

全书提出了关于建造堤防、勾股形及各种棱台的体积求其边长的算法等 20 个问题，大部分用高次方程求解，是现存最早介绍开带从立方的书籍，在多面体求积方面亦有创新。

当然，汉唐算书远不止这十部，还有董泉的《三等数》、信都芳的《黄钟算法》、刘祐的《九章杂算文》、阴景愉的《七经算术通义》等等，这里就不再多表。

（四）宋元算书

宋、元时期是中国古代数学最辉煌的时代。在明代中叶珠算广泛流传之前，中国古代数学一直是以算筹为主要计算工具的，并以此为中心形成了世界数学

史上独具一格的特色。这一时期出现了许多颇有成就的数学家和数学著作。特别是 13 世纪下半叶，短短几十年时间，就出现了李冶、秦九韶、杨辉、朱世杰等四位伟大的数学家，宋元算书中的精品大多都是这四大名家的代表作。

1.《数书九章》

1247 年，南宋数学家秦九韶著。《数书九章》全书共 18 卷，81 题，分为大衍、天时、田域、测望、赋役、钱谷、营建、军旅和市易九大类。该书在写作体例和选用题材方面都继承了《九章算术》的传统，但是中国古算构造性和机械化的特色得到了更为突出的体现。书中的“大衍求一术”系统叙述了一次同余式解法，正负开方术发展了“增乘开方法”，完整地解决了高次方程求正根问题。其演算的步骤和 19 世纪英国数学家霍纳的方法全然相同，但却比他早了约七百年。

2.《测圆海镜》与《益古演段》

此二书都是李冶阐述天元术的著作。《测圆海镜》12 卷，著于 1248 年，原名《测圆海镜细草》。该书叙述了一百七十个用天元术解直角三角形的容圆问题，借助于各种几何关系来建立高次方程，从而全面、系统地介绍天元术的理论和算法。《测圆海镜》是我国现存最早的对天元术进行介绍的著作。1259 年，李冶在蒋周所撰《益古集》的基础上又编成《益古演段》3 卷，是一部普及天元术的著作。

3.《详解九章算法》与《杨辉算法》

南宋杨辉先后编有《详解九章算法》《日用算法》和《杨辉算法》等。《详解九章算法》12 卷，现已残缺不全。根据杨辉自序可知，该书是选取魏刘徽注、唐李淳风等注释、北宋贾宪细草的《九章算术》中的 80 问进行详解。在此基础上，又增加了“图”“乘除”“纂类”3 卷。在著作体例上，作者引入了图、草和“比类”等内容。书中保存了许多珍贵的数学史料，例如贾宪的

“开方作法本源”图，又称为“贾宪三角”或“杨辉三角”。它是一个由数字排列成的三角形数表，一般形式如下：

```
                1
              1   1
            1   2   1
          1   3   3   1
        1   4   6   4   1
      1   5  10  10   5   1
    1   6  15  20  15   6   1
```

杨辉三角最本质的特征是：它的两条斜边都是由数字1组成的，而其余的数则是等于它肩上的两个数之和。

《杨辉算法》是杨辉后期三部数学著作的合称：《乘除通变本末》3卷、《田亩比类乘除捷法》2卷和《续古摘奇算法》2卷。前两书包括许多实用算法，后书中有各类纵横图并讨论了若干图的构成规律。

4.《算学启蒙》与《四元玉鉴》

两书皆为大数学家朱世杰所撰。《算学启蒙》3卷，成书于1299年。全书共259问，分为20门，从乘除口诀开始，包括面积、体积、比例、开方、高次方程，由浅入深，循序渐进，是一部优秀的数学启蒙读本。

《四元玉鉴》3卷，著于1303年，是朱世杰的名山之作。全书共288问，分为24门。书中用“天”“地”“人”“物”四字代表四个未知数，系统地介绍了二元、三元、四元高次方程组的布列和解法。解法的关键是消元，将多元高次方程组化成一元高次方程，然后应用增乘开方法来解。《四元玉鉴》的另一杰出成就是垛积招差术。垛积即高阶等差级数求和，招差即高次内插法，朱世杰在这两方面都取得了卓越的成果，比西方同类工作要早出四百年以上。

5. 其他宋元算书

除了上述四大名家的著作之外，宋元时代还有很多重要的算书。对于增乘

开方法的完善起过作用的，有佚名的《释锁算书》、贾宪的《皇帝九章算法细草》、刘益的《议古根源》等。对于天元术直至四元术的演化发展产生过影响的，可以举出蒋周的《益古集》、李文一的《照胆》、石信道的《钤经》、刘汝锴的《如积释锁》等。此外，这一时期还有一些虽然不是专门的算书，但其中有相当多数学内容的著作，例如沈括的《梦溪笔谈》、沈立的《河防通议》、刘瑾的《律吕成书》、赵友钦的《革象新书》等。

（五）明清算书

明代数学式微，明人所撰算书也少有新意，唯有朱载堉的工作是个例外。从历史的角度看，吴敬、王文素和程大位的工作也有一定意义。

明末，西方数学开始传入中国，1607 年，徐光启和意大利传教士利玛窦合作翻译了欧几里德的《几何原本》前 6 卷，李之藻和利玛窦合作编译了西方笔算著作《同文算指》，以及几何学著作《圆容较义》和《测量法义》等。明、清之际出现了一些融会贯通中西数学的学者和著作，其中影响较大的有王锡阐、梅文鼎和陈世仁诸家。

到了清代雍正年间，统治者对外采取“闭关”政策。在这种情形下，数学家们又转向古代数学的研究和整理。他们把古代的“算经十书”以及宋、元数学家秦九韶、李冶、朱世杰等人的著作都重新加以整理刻印，其中有些书收入《四库全书》之中，他们为中国数学在理论上开拓了新纪元。

1.《律学新说》《律吕精义》和《算学新书》

此三书均为朱载堉所写。前两书的主要贡献在于阐述作者所创十二平均律的理论，其数学意义是通过 25 位数字的四则与开方运算，显示了当时的数学从筹算过渡到珠算之后，仍然继承了程序化与算法化的传统。《律学新说》中还探讨了纵、横两种“黍律”尺的数量关系，相当于

九、十两种不同进位制小数之间的换算关系，和现代数学理论得出的结果完全一致。

《算学新书》具体阐述了用算盘进行高位开方运算的程序。书中说道：“要学开方，必须要造一个大算盘，长九九八十一位，共五百六十七子。”可见作者需要处理的数据是极其庞大的。论及十二平均律的计算时，书中还应用了指数定律和等比数列的知识。

2.《算法统宗》与《算法纂要》

《算法统宗》，明朝程大位撰，成书于1592年。全书共17卷，592题，摘自各家算书。前两卷介绍基础知识，包括珠算口诀；中间部分对应《九章算术》各章，但解题均用珠算；后五卷是以诗歌形式表达的“难题”和不好归类的“杂法”。该书的出版刚好适应了明代商业繁荣的社会需要，因此得以广泛和久远的流传。明、清两代读书被一刊再刊，并流传到了日本、朝鲜、东南亚各国。

1598年，程大位对《算法统宗》删繁就简，遂有简编本《算法纂要》问世。

3.《梅氏丛书辑要》

这是清代数学家梅文鼎及其孙梅珏成的天文、数学著作集。由梅珏成在祖父去世后率族人将其遗作重加整理、校订，并将自己的两卷文稿附于其后，于乾隆二十四年（1759年）以承学堂名义刊行。共含梅文鼎天文、数学著作23种，集中收有其数学著作共13种。它们是：《笔算》5卷、《筹算》2卷、《度算释例》2卷、《少广拾遗》1卷、《方程论》6卷、《勾股举隅》1卷、《几何通解》1卷、《平三角举要》5卷、《方圆幂积》1卷、《几何补编》4卷、《弧三角举要》5卷、《环中黍尺》5卷、《堑堵测量》2卷。

其中，《笔算》《筹算》与《度算释例》分别介绍明末以来传入的西方笔算、纳皮尔算筹和伽利略所创造的比例规算法。《方程论》提出把传统的“九数”分别纳入“算术”和“量法”这两大分支的数学分类思想。《少广拾遗》和《方圆幂积》分别讨论高次开方及球体体积与其弧长、重心的关系。《勾股举隅》则用图验法对勾股定理及各种公式进行证明，其中的4个公式是首创的。《几何通解》用勾股和较术来证明《几何原本》中的命题，体现出“几何即勾

股”论。《几何补编》为梅文鼎对立体几何的独立研究成果，其中有对正多面体及球体互容问题的分析，对半正多面体的介绍和分析，引进球体内容等径相切小球问题，讨论其解法及其与正、半多面体结构之关系等。《平三角举要》和《弧三角举要》是中国第一套三角学教科书。两书循序渐进，由定义到公式和定理，由平面到球面，以算例加以说明。《环中黍尺》是一部借助投影原理图解球面三角问题的专著，其中的球面坐标换算法的原理与古希腊托勒密法不谋而合。《堑堵测量》利用多面体模型来显示天体在不同球面坐标中的关系，并对前人在授时历中创造的黄赤相求法作了三角学诠释。

《梅氏丛书辑要》所刊书目都是清代数学、天文学史上的珍贵文献，在1759年首次刊行之后，广为流行，有许多不同的刊本，影响很大。

4.《割圆密率捷法》

这是清代科学家明安图积三十余年心血写成的一部讨论无穷幂级数的著作。此书在明安图生前尚未定稿，他临终前嘱其门人陈际新等人整理校算，于1774年刻成书稿4卷，1839年据抄本出版第一个印刷本。

《割圆密率捷法》共4卷。首卷列出了9个无穷幂级数的公式，其中前3式为杜德美所传，其余6式为明安图独创，而清代人误认为全为杜德美所传，故称之为“杜氏九术”。本书后面3卷主要阐述9个公式的来源。作者所用的“割圆连比例法”，创造性地运用连比例关系把几何中的线段用代数形式表示出来，融会了中国古代数学中二等分弧法与西方数学中五等分弧法，然后将它们加以整理就得出一连串所需的无穷幂级数展开式。在推导过程中，运用并发展了中国古代数学中的极限思想，指出对弧无限分割后弧与弧彼此接近，可以从中彼此相求的方法，从而归纳出已知弦长和圆半径求相对应的弧长的普遍公式。书中还开创了由已知函数的展开式求其反函数展开式的方法，后来被人称为“级数回求术”，为三角函数与反三角

函数的解析研究开辟了新的途径，从而揭开了中国清代数学家钻研无穷幂级数的序幕。

5. 其他明清算书

明清时期还有很多算书，像明朝吴敬的《九章算法比类大全》、王文素的《通证古今算学宝鉴》，清朝汪莱的《衡斋算学》、李锐的《李氏遗书》、项名达的《象数一原》、戴煦的《求表捷术》和李善兰的《则古昔斋算学》等等。但是像《算经十书》、宋元算书所包含的那样重大的成就便不多见了。特别是在明末清初以后的许多算书中，有不少是介绍西方数学的。这反映了在西方资本主义发展进入近代科学时期以后我国科学技术逐渐落后的情况，同时也反映了中国数学逐渐融合到世界数学发展总的潮流中去的一个过程。

四、古代记数制度与计算工具

（一）世界上最早的十进位值制记数法

十进位值制记数法是人类文化史上的一大发明，它可以和字母的发明相媲美。前者只需要用十个数字就可以表示任何数，而后者只需要用几十个字母就可以写出所有的文字。十进位值制记数法包含两个要素，一个是十进制，另一个是位值制。所谓十进制，就是我们平时所说的“逢十进一”和“退一当十”。所谓位值制，就是一个数码表示什么数，不仅取决于这个数码本身，而且还要看这个数码所在的位置。例如同一数码 2，在 23 中表示 20，在 32 中表示 2，在 2300 中表示 2000，就是因为它所在的位置不同。

这一思想在今天看来是如此简单，但是在历史上并不是所有的古代民族都自然地采用十进位值制的：古代巴比伦人采用六十进制；玛雅人和阿兹台克人采用二十进制；罗马人则用五至十混合进制；古代埃及和希腊虽然采用十进制，但是未曾出现位值概念。印度十进位值制虽已在巴克沙利手稿上看到（时间大约不早于三四世纪），实际上到 6 世纪末才正式使用。

我国自古以来就使用十进制，在公元前 14 世纪殷代甲骨文上以及周代青铜器铭文中已有数字写法和十进制法的记录。在商代甲骨文记数的文字中，自然数都用十进位制，其中一、二、三、四、五、六、七、八、九、十、百、千、万各有专名，用十三个单字表示。西周金文继承了殷商甲骨文的记数制，仅个别数符有所变化。应该说，中国是世界上最早产生这一概念并确立完善的十进位值记数制度的国家。

有了方便的位值制记数法，自然就有简捷的四则运算法，进而又发展成为一整套以算为中心的解题方法，如分数

算法、开平方开立方、联立方程的分离系数法、直到后来的高次方程的数值解法等等，在世界上都处于领先地位，这些都得益于我国具有方便的记数法。

（二）算筹与筹算

1. 算筹

在人类文化历史上，许多民族都曾有各自不同的计算工具。“算筹”是中国古代特有的主要计算工具，它的出现使十进位值制在中国得以完备和最终确立。什么是“算筹”呢？就是一些长短粗细一样的小棍子，大多是用竹子、木、骨、铜、铁等材料制作。

从西周直至宋、元，在长达两千年历史时期内，“算筹”是我国社会各行各业通用的算具。到汉代时“算筹”已很流行，一些知识分子经常把“算筹”带在身上。我国古代怎样用算筹记数呢?《孙子算经》《夏侯阳算经》编有押韵的口诀：“凡算之法，先识其位，一纵十横，百立千僵。千十相望，万百相当。”“满六以上，五在上方，六不积算，五不单张。”记五或小于五的数，几根算筹就表示几，记六、七、八、九用一根横置的筹以一当五，放在上面。

用算筹表示多位数则有纵、横两种方式。纵横式摆法如下：摆多位数时，个位用纵式，十位用横式，百位再用纵式，千位再用横式……这样纵横相间，依此类推，遇到零时就不放算筹留个空位。这样用算筹纵横布置，就可以表示出任何一个自然数。由于算筹纵、横相间布列，以空位显示的零很容易识别。除了符号不同以外，算筹记数制所表示的自然数与现今使用的十进位值制完全一样。算筹在我国使用了两千多年，直到15世纪算盘推广后，才逐渐退出历史的舞台。

2. 筹算

算筹指算具，筹算则指算法。广义上讲，筹算应是一个由一系列算法所构成的数学体系和在中国历史上延续了一千五百余年的科学传统。它的核心是十

进位值制和分离系数法，算筹只不过是它所倚重的一个工具而已。

北宋布衣学者卫朴是我国古代算家布算运筹的典型。沈括在《梦溪笔谈》中称他“运筹如飞，人眼不能逐”。张耒在其《明道杂志》中更是记载了一个近乎神奇的故事：卫朴在布算的时候，算筹摆满了桌子，他只要以手轻轻抚一下，若是有人偷偷拿走了一根算筹，他只要再抚一下桌面就可以察觉。如果古代算家没有这样娴熟的布算运筹技巧，很难设想祖冲之可以把圆周率正确地计算到七位有效数字，秦九韶能够解出高达 10 次的数字方程。

筹算的加减法和乘除法都是由“高位算起”，筹算的乘法在《孙子算经》《夏侯阳算经》中叙述得很详细：把相乘二数一上一下对列，上位列乘数，下位列被乘数，中位留给乘积。被乘数的最低位与乘数的最高位对齐，然后用上面数中的最高位数依次自左而右的乘下面数的每一位，结果随乘随加。乘遍下数之后，便将该位数去掉，并将下面的数右移一位；再用上面次高位数遍乘下数的每一位，结果仍随乘随加入中间一列，以下按此原则继续，直到最后一位。中间一列得出来的数就是乘得的积。筹算的除法与乘法相反：在除法中，被除数称为“实”，除数称为“法”，除得的结果称为商。商在上位，实在中位，法在下位。筹算做除法时，随乘随减。

筹算乘除法当然离不开“九九歌”。中国到春秋战国时，“九九歌”就已被广泛利用、流传。筹算为古代数学家提供了应用分离系数法的途径，从而使得一些数学关系的表达和有关的运算得以大大地简化。利用筹算体系的纵横捭阖，中国古代数学取得了一些脍炙人口的成果，诸如开平方和开高次方、解高次方程、解线性方程组和高次方程组、计算圆周率、解一次同余式组、造高阶差分表等等。

（三）算盘与珠算

算筹可以说是数学机械化的最早形式。它可以利用简单的工具从事相当广泛而复杂的运算，但是它纵横排列的算法必然影响到其布算速度，而且具有占地面积大、运算过程中算筹易于被移动等缺点。在频繁的商业交往和诸如军事、工程之类的野外作业中，筹算有时就显得捉襟见肘了。人们在长达上千年的历史中始终尝试着对算具和算法进行改革，在人们长期的实践活动中，珠算在算筹的基础上慢慢发展起来，最终算盘取代了算筹，筹算发展成了珠算。

中国是珠算的故乡，但有关"珠算术"的最早书籍并没有留传下来，创造珠算盘的年代和地区也难于考证。"珠算"这个名词，早在190年左右东汉末徐岳所著《数术记遗》一书中就已经出现。570年左右，北周数学家甄鸾在此书的注释中描述，每位有五颗可移动的珠，上面一颗相当于五个单位，下面四颗中每一颗相当于一个单位。这和现代的算盘非常相像。

到了15世纪左右，珠算进一步发展起来，由于珠算的普及，筹算被淘汰了。民间数学的发展，使珠算技术日臻完善，运算大为简便，人们在实际生产和日常生活中都普遍采用了珠算。演算工具的改进和简化，对数学的发展是至关重要的进步和贡献。

算盘发明后，原有筹算术的四则运算方法逐渐转变为珠算术的运算方法。关于珠算术，明代吴敬1450年著的《九章算法比类大全》的记载最早。他的著作不但明确提到算盘，而且载有一些只有在珠算中才能出现的算法。如"一弃四作五""无一去五下还四"等。

明代中晚期是珠算的黄金时代，这一时期出现了许多专门介绍珠算的书籍和珠算家，各种珠算算法和相应的口诀也被发展完善。也正是在这一时期，珠算不仅广泛流行于民间，而且陆续被传播到日本、朝鲜、越南、泰国等地，对

这些国家的数学发展产生了重大影响。

明代珠算书很多，其中以程大位的书流传最广、影响最大。他编写了一本多达 17 卷的《算法统宗》，系统完备地介绍了珠算术，是一部以珠算盘为计算工具的应用数学书。书中列有算盘式样，各种运算口诀，如“一上一，一下五除四；一退九进一十……”等。这和现代珠算口诀完全一致。

珠算的乘法口诀就是九九口诀，除法一般用宋元数学家创造的九归口诀。程大位明确规定了“九九合数”应“呼小数在上，大数在下”；“九归歌”应“呼大数在上，小数在下”。例如“六八四十八”即是乘法口诀，“八六七十四”是九归口诀。这些口诀相当完善，应用方便，直到现在还在通用。

除了通常的四则运算外，珠算也用于开方、解高次方程和其他计算问题。程大位的《算法统宗》涉及的各类计算问题均用珠算解决。《算学新说》里详细地介绍了珠算开方的过程。可见作为计算工具，珠算基本可以涵盖筹算的功能，但是运算速度却比后者快很多。

清代虽然传入了西方的笔算、纳皮尔筹算和比例规算法等，但是珠算仍是主要的计算手段。直到今天，珠算在我们的生活中仍然发挥着重要的作用。

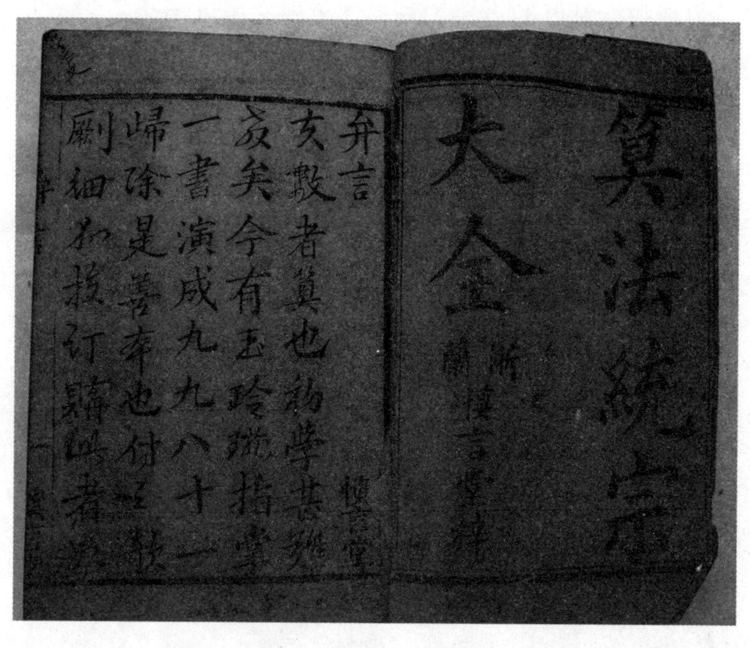

五、古代数学与社会

（一）封建大一统的数学观

中国古代数学从孕育、产生、兴盛直至衰微，一直深受中国古代政治文化的支配和影响。中国古代数学的政治性质表现出其在历史进程中明显的二难困境：一方面，它使得数学研究能够在国家制度的保护与支持下维持并保存下来，并在一定程度上促进了数学与数学教育的发展；另一方面，受制于政治皇权的需要，数学被赋予极强的政治功利色彩，扮演着可悲的奴仆角色，始终未能获得相对独立的文化地位，其长足进步因此受到极大的遏制。

数学作为政治皇权与统治的工具在远古时代就被确定下来。早期人类往往把知识的起源归于本氏族的领袖和英雄，这就是圣人制数说的文化学渊源。汉代是封建大一统成熟完善的时代，“天人合一”的自然历史观成为维护王道正统的理论支柱，圣人制数说被采纳到官修正史中。《周髀算经》卷上就开宗明义地点明了数与政治制度的直接关联：“故禹之所以治天下者，此数之所生也。”《易传·系辞下》记有：“上古结绳而治，后世圣人易之以书契，百官以治，万民以察。”从远古时起，结绳与书契就成为治国安邦的最有力手段。

曾为王莽制作统一度量衡制的标准量器—“律嘉量斛”的刘歆表达了数学在

国家管理方面的作用："数者……夫推历、生律、制器、规圆、矩方、权重、衡平、准绳、嘉量……"

中国古代的天文历法具有强烈的政治色彩，而数学作为进行天文与历法研究必不可少的工具，更有其政治意义。在古代，算术一词有推算历象之术的含义。许多历法的革新与修订都是在采用新的数学理论与方法的基础上进行的。如汉末天文学家刘洪创立一次内插法公式而制"乾象历"；隋代天文学家刘焯在《皇极历》中提出了"等间距二次内插法"；为了能得到更精确的数值，唐代僧一行在 727 年发明"不等间距二次内插法"，并创制《大衍历》；元代的授时历法也是当时历算家创立新的推算方法得到的。

中国古代数学中的许多成果与天文、历算直接相关，两者在中国古代都曾达到相当精湛高深的程度，这与历代统治者对其重视是分不开的，因为天文历法是被用来显示政治统治的天意、合法与合理性，被用来显示"天人合一"的哲学观念。中国古代数学与天文学对封建政治统治的这种依附关系决定了中国古代数学与天文学无法滋生出独立、纯粹的科学形态，无法发展为数学本体论和较为发达的数学认识论。这就极大限制了数学知识的传播和扩散，经常导致数学人才的间歇性缺乏。从事数学研究被视为仕途的手段而非科学本身的目的。科学精神与数学人才的双重匮乏造成天文历算研究水平经常性的停滞甚至退化。

历史表明，当数学等科学无法摆脱政治、权力、专制制度的重压和束缚，走上一条相对自由、独立的发展道途时，真正的科学精神便无从谈起。相应地，科学的品质、思想也就只能是权力政治及其所辖封建文化苍白的影子。

（二）古代数学思想的主要特点

从根本上说，中国古代的数学思想方法，也是由中国古代社会的生产方式决定的。中国古代数学思想方法属于中国古代社会思想文化的一部分，它的主要特点还受制于中国古代的思维方式，同时它又决

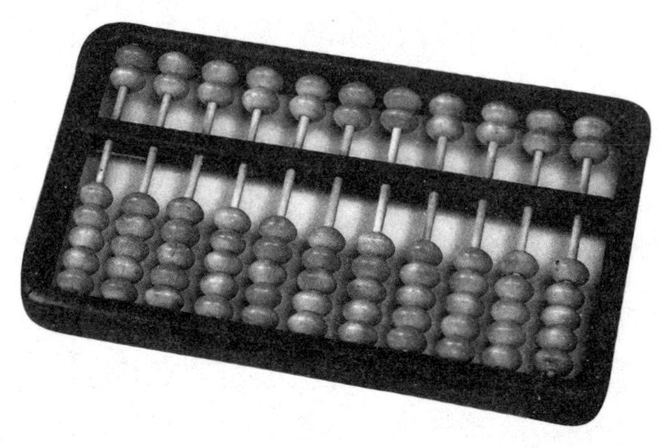

定着中国古代数学的基本方式和发展趋势。

1. 经世致用，具有较强的社会性。

从《九章算术》开始，中国算学经典基本都与当时社会生活的实际需要有着密切的联系，这不仅表现在中国的算学经典基本上都遵从问题集解的体例编纂而成，而且它所涉及的内容反映了当时社会政治、经济、军事、文化等方面的某些实际情况和需要，以至史学家们常常把古代数学典籍作为研究中国古代社会经济生活、典章制度（特别是度量衡制度），以及工程技术（例如土木建筑、地图测绘）等方面的珍贵史料。而明代中期以后兴起的珠算著作，所论则更是直接应用于商业等方面的计算技术。中国古代数学典籍具有浓厚的应用数学色彩，在中国古代数学发展的漫长历史中，应用始终是数学的主题，而且中国古代数学的应用领域十分广泛，著名的“十大算经”清楚地表明了这一点，同时也表明了“实用性”又是中国古代数学合理性的衡量标准。

2. 以算法为中心，具有程序化、模型化的特点。

中国传统数学的实用性，决定了它以解决实际问题和提高计算技术为其主要目标。不管是解决问题的方式还是具体的算法，中国数学都具有程序性的特点。中国古代的计算工具是算筹，筹算是以算筹为计算工具来记数、列式和进行各种演算的方法。中国的筹算不用运算符号，无须保留运算的中间过程，只要求通过筹式的逐步变换而最终获得问题的解答。因此，中国古代数学著作中的“术”，都是用一套一套的“程序语言”所描写的程序化算法。各种不同的筹法都有其基本的变换法则和固定的演算程序。“数学模型”是针对或参照某种事物系统的特征或数量关系，采用形式化数学语言，概括的近似地表达出来的一种数学结构。《九章算术》中大多数问题都具有一般性解法，是一类问题的模型，同类问题可以按同种方法解出。其实，以问题为中心、以算法为基础，主要依靠归纳思维建立数学模型，强调基本法则及其推广，是中国传统数学思想的精髓之一。

3. 寓理于算，理论高度概括。

由于中国传统数学注重解决实际问题，而且因中国人综合、归纳思维的决定，所以中国传统数学不关心数学理论的形式化，但这并不意味中国传统仅停留在经验层次上而无理论建树。其实中国数学的算法中蕴涵着建立这些算法的理论基础，中国数学家习惯把数学概念与方法建立在少数几个不证自明、形象直观的数学原理之上，如代数中的“率”的理论、平面几何中的“出入相补”原理、立体几何中的“阳马术”、曲面体理论中的“截面原理”等等。

中国古代数学的特点虽然在一定的程度上促进了其自身的发展，但正是因为这其中的某些特点，中国古代数学走向了低谷。

（三）古代的数学教育

中国古代数学教育的内容和形式都与当时的社会环境有密切关系。东周以前政教一体，学术带有官守性质。封建社会进入成熟期后，国家机器日趋复杂，学术则以官守、师儒两种形式并存。表现在数学教育方面，则是一方面有国家设算学馆之举；一面有广泛的民间数学活动。

中国数学教育的萌芽始于商代。殷墟出土的大量甲骨文表明，商代已经进行极简单的读、写、算教学。西周是中国奴隶制发展的全盛时期，经济和文化获得空前发展，形成了以礼乐为中心的文武兼备的六艺教育，六艺由礼、乐、

射、御、书、数六门课程构成，数主要在小学阶段学习。《礼记·内则》篇云："六年教之数与方名，十年就外傅，居宿于外，学书计。"春秋战国时代，私学兴起，当时的四大私学是儒、墨、道、法。其中墨家传授一些数学，主要是几何知识，《墨经》中的《经上》和《经说上》等篇即表明了这一点。两汉时，学校制度分官学和私学两类，官学不教数学，唯私学中的少数经师授些数学知识。《前汉书·食货志》云："八岁入小学，学六甲，五方，书计之事。"魏晋南北朝时期，北魏在中央官学中设有算学，成为国家数学教育的萌芽。魏晋南北朝时期官学衰颓，地方私学呈现繁荣的局面，教授算学成为私学的重要内容之一。一般说来，魏晋南北朝以前的数学教育大都限于小学教育。

国家数学教育始于隋代。那时在中央最高学府—国子寺中设立了算学，置有"算学博士二人，算助教二人，学生八十人，并隶于国子寺"，后停办。

唐朝建立后，在隋的基础上继续举办教育，把数学作为一个专科，与明经、进士、秀才、明法、明书并列为六科。《大唐新语》云："隋炀帝置明经、进士二科，国家因隋制增置秀才、明法、明字、明算，并前为六科。"当时置有算学博士二人，助教一人，"掌教文武官八品以下，及庶人之子为生者"。明算科有学生三十人，以李淳风等校定注释的"十部算经"为基本教材。明算科分古典数学和应用数学两组进行教学，每组十五人。第一组学《九章》《海岛》《孙子》《五曹》《张丘建》《夏侯阳》和《周髀》，限六年学完。第二组学《缀术》《缉古》并兼学《数术记遗》和《三等数》，限七年学完。每种书学习多长时间有明确规定："《孙子》《五曹》共限一年业成，《九章》《海岛》共三年，《张丘建》《夏侯阳》各二年，《周髀》《五经算》共一年，《缀术》四年，《缉古》三年。"

学生毕业后，可参加科举考试，其考试内容针对算学课程而定。考试分两组进行。在第一组中，除《九章》出题三条外，其余都各出一条；第二组中

《缀术》出题六条或七条，《缉古》出题四条或三条。考试的要求是："明数造术，详明术理，然后为通。"每组各考十条，规定有六条通过就算合格，还要附加《数术记遗》和《三等数》两书。"读令精熟"，考试时也要参考，"十得九"才算通过。明算科毕业考试通过的人员交吏部录用。

五代时战争不断，数学教育无从谈起。

北宋初期，虽设有算学博士，但未兴办数学教育。直到元丰七年（1084年）才有算学考试之举。宋王应麟《玉海》卷120页云："元丰七年正月，吏部请于四选补算学博士阙，从之。十二月辛未诏通算学就试，上等除博士，中下等为学谕。"同年刊"算经十书"于秘书省，供学生学习。"算经十书"除《缀术》因失传不在其中外，其余与唐相同。崇宁三年（1104年）正式建立算学科，《宋史》云："算学：崇宁三年始建，学生以二百一十人为额，许命官及庶人为之，其业以《九章》《周髀》及假设疑数为算问，仍兼《海岛》《孙子》《五曹》《张丘建》《夏侯阳》算法，并历算、三式、天文书为本科外，人占一小经，愿占大经者听。"崇宁五年四月十二日，废止算学，同年十一月十九日复置算学，隶属秘书省。当时算学科的规模是："官属：博士四员（内二员分讲《九章》《周髀》；二员分习历算、三式、天文），学正一员。职事人：学录（佐学正纠不如规者）一人，直学（掌文籍及谨学生出入）一人，司书（掌书籍）一人，斋长（纠斋中不如规）者、斋谕（掌佐斋长道谕诸生）各一人。学生：上舍三十人，内舍八十人，外舍一百五十人。"即有算学博士和办事人员十二人，学生二百六十人，分为三个层次，以上舍为最高，规模比唐代大得多。大观四年（1110年）又废学。政和三年（1113年）又复置算学。宣和二年（1120年）又废止算学。靖康二年（1127年）北宋汴都陷于金人，朝廷南迁，官学中再也没设算学科。

入元后，在科举考试中将算学砍去，官学中亦无算学，只在设置的阴阳学中附带讲一些与天文历算有关的数学知识。

明初，科举考试中又恢复算学。正统十五年（1450年）正式设置算学科。直到宣德嘉

靖年（1522 年）后在科举中取消算学为止。

清代，直到康熙五十二年（1713 年）才正式设置算学。席裕福《皇朝政典类纂》云：“康熙五十二年初设算学馆，选八旗世家子弟，学习算法。以大臣官员，精于数学者司其事。特命皇子亲王董之。”雍正十二年（1734 年），八旗官学增设算学，选“每旗官学资质明敏者三十余人，定从未时起，申时止，学习算法。”但是到乾隆三年（1738 年），停止了八旗官学生的数学教学，“所有官学生习算法之例，概行停止，寻议令钦天监附近专立算学，额设教习二人，满汉学生各十二人，蒙古汉军学生各六人”。学习的教材主要是《数理精蕴》，学习期限及考试方法分别是：“算法中：线、面、体，三部各限一年通晓，七政共限三年。每季小试，岁终大试，由算学会同钦天监考试，勤敏者奖励，惰者黜退别补”。“乾隆十二年（1747 年）奏准算学馆额设教习二人，协同分数三人，嗣后教习未满五年，分教未经实授，遇有升叙，如实心训课谨慎称职之人，均仍留教习，候满五年，奏明交部议叙”。国子监算学馆一直持续到道光年间。

我国古代数学的学习，在民间则通过个人传授，或自己钻研，也有些民间学校附带讲一点粗浅的四则运算等数学知识。但可惜这些情况较少有正史可考。

概言之，中国古代自商代开始就出现了数学教育，几千年来，数学教育在官学和私学中断断续续地进行着，并得到了一定程度的发展。但同时，各个朝代的数学教育都兴废无常，而且只在很狭小的范围内进行，发展极不充分。